이창민 교수는 대표적인 도시 개발 및 도시 재생 연구자로, 한국부동산개발협회 최고경영자과정(ARP)과 차세대 디벨로퍼과정(ARPY)의 주임교수로 활동 중입니다. 30년 넘게 뉴욕, 런던, 파리 등 270여 개 도시의 개발 및 재생 사례를 면밀히 조사하며 도시 경제와 부동산 분야를 연구하고 있으며, 『스토리텔링을 통한 공간의 가치』(2020, 세종도서 교양부문 선정), 『도시의 얼굴』, 『사유하는 스위스』, 『해외인턴 어디까지 알고 있니』 등을 썼습니다. 또한 사단법인 공공협력원 재단의 원장으로서 지속가능한 지역 개발, 글로벌 인재 양성, 나눔 실천, 문화예술 발전에 기여하는 동시에 도시경제학 박사로서 유럽 도시문화공유연구소의 소장직을 맡아 세계 도시들의 문화 경제적 가치를 심도 있게 연구하고 있습니다.

hh902087@gmail.com  https//travelhunter.co.kr @chang.min.lee

도시의 얼굴 – 베를린·함부르크

개정판 1쇄 발행 2024년 11월 15일

지은이 이창민
펴낸이 조정훈
펴낸곳 (주)위에스앤에스(We SNS Corp.)

진행 박지영, 백나혜
편집 상현숙
디자인 및 제작 아르떼203(안광욱, 강희구, 곽수진) (02) 323-4893

등록 제 2019-00227호(2019년 10월 18일)
주소 서울특별시 서초구 강남대로 373 위워크 강남점 11-111호
전화 (02) 777-1778
팩스 (02) 777-0131
이메일 ipcoll2014@daum.net

ISBN 979-11-978576-5-2
세트 979-11-978576-9-0

- 이미지 설명에 * 표시된 것은 위키피디아의 자료입니다.
- 소장자 및 저작권자를 확인하지 못한 이미지는 추후 정보를 확인하는 대로 적법한 절차를 밟겠습니다.
- 이 책에 대한 의견이나 잘못된 내용에 대한 수정 정보는 아래 이메일로 알려주십시오.
  E-mail: h902087@hanmail.net

Berlin
Hamburg

도시의 얼굴

베를린 함부르크

이창민 지음

(주)위에스앤에스
We SNS Corp.

《도시의 얼굴-베를린·함부르크》를 펴내며

오늘날 해외 여행이나 출장은 인근 지역으로 떠나는 일과 다름없는 일상적인 경험이 되었습니다. 인공지능(AI), 크라우드, 빅데이터, 사물인터넷(IoT)과 같은 정보통신 기술의 급격한 발전 덕분에 우리는 온라인과 오프라인에서 세계 어느 도시든 손쉽게 만날 수 있는 시대를 살아가고 있습니다. 젊었을 때 열심히 저축하고 나이가 들어 은퇴한 후에야 해외 여행을 계획했던 이전 세대와는 달리, 지금의 세대는 더욱 적극적이고 다양한 형태의 여행을 즐기고 있습니다. 이러한 변화는 단순히 여행 방식의 변화를 넘어, 도시와 도시민을 바라보는 우리의 관점에도 큰 영향을 미치고 있습니다.

《도시의 얼굴-베를린·함부르크》는 이러한 시대적 요구에 부응하여, 필자가 경험했고 기억하는 베를린과 함부르크라는 두 독일 도시의 독특한 얼굴을 조명하고, 그 속에 숨겨진 깊은 이야기를 독자들에게 전하고자 합니다. 필자는 지난 30여 년 동안 70여 개국 이상의 국가를 방문하며 270여 개의 도시를 경험했고, 그 과정에서 각 도시가 지닌 고유한 얼굴과 정체성을 깨닫게 되었습니다. 각 도시의 얼굴은 그곳의 역사, 문화, 경제, 그리고 종교적 배경에 따라 형성되며, 이러한 다양성은 그 도시의 본질을 이루는 중요한 요소가 됩니다.

베를린은 역사와 혁신이 공존하는 도시로 독일의 수도이자 국제 정치와 유럽 통합의 중심지로 자리 잡은 도시입니다. 이 도시는 통일 독일의 수도로서 과거의 상처를 딛고 일어섰으며, 현재는 글로벌 창조 도시로 성장하여 밀레니얼 세대들에게 가장 살고 싶고, 일하고 싶고, 놀고 싶은 도시로 꼽히고 있습니다.

베를린의 인구 중 40%가 35세 이하인 점은 이 도시가 얼마나 젊고 역동적인가를 보여 줍니다. 다양한 전시회와 컨퍼런스가 열리는 베를린은 예술과 창작의 도시일 뿐만 아니라, 과거의 상처를 극복하고 재생의 길을 걸어 온 도시로서, 그 역사와 현대적 혁신이 독특하게 융합된 곳입니다.

글로벌 물류와 창작의 도시인 함부르크는 독일 제1의 항구 도시이자 세계적인 창조 도시로, 글로벌 물류와 산업의 중심지로 자리 잡고 있습니다. 함부르크의 역동성은 과거와 현재를 융합한 지속가능한 발전에 대한 강력한 비전을 통해 나타납니다.

이 도시는 수변 공간의 복합적 개발을 통해 지속가능한 도시로 성장하고 있으며, 브람스와 멘델스존 같은 거장들의 고향으로서 깊은 문화적 뿌리를 가지고 있습니다. 함부르크는 젊고 활기찬 도시로서, 전시와 컨퍼런스의 중심지로도 알려져 있으며, 전 세계적으로 유명한 햄버거가 탄생한 도시이기도 합니다.

베를린과 함부르크는 각기 다른 역사적 배경을 가지고 있지만, 두 도시는 모두 지속가능한 발전과 도시 재생에서 중요한 사례로 자리매김하고 있습니다. 베를린은 과거의 상처를 치유하고 젊고 역동적인 도시로 재탄생했으며, 함부르크는 세계적인 물류 중심지의 역할을 강화하며, 창작과 혁신의 도시로 발전해 나가고 있습니다.

베를린의 포츠다머 플라츠와 쿨투어 포룸, 베를린 필하모니와 같은 랜드마크는 베를린의 재생과 발전을 상징하는 장소들입니다. 이곳들은 과거와 현재가 공존하는 공간으로, 베를린의 정체성을 재확립하고, 새로운 문화적 중심지의 역할을 하고 있습니다. 박물관 섬과 훔볼트 포룸, 베를린 장벽 기념관 등은 베를린의 풍부한 역사와 문화적 유산을 보존하고, 이를 기반으로 한 도시 재생의 성공적인 사례들입니다.

함부르크는 하펜시티와 엘브필하모니, 슈파이허슈타트와 같은 수변 공간의 복합적 개발을 통해 과거의 유산과 현대적 혁신을 조화롭게 결합하고 있습니다. 이 도시의 재생 프로젝트들은 함부르크가 세계적인 창조 도시로 발전하는 데 중요한 역할을 하고 있습니다. 미니아투어 분데어란트와 칠레하우스, 플란텐 운 블로멘과 같은 랜드마크들은 함부르크의 독특한 매력과 역사적 중요성을 보여 주는 중요한 장소들입니다.

베를린과 함부르크과 같은 메트로폴리스는 항상 인류 발전의 원동력이 되어 왔습니다. 그러나 21세기에 들어서면서 이들 도시는 새로운 도전에 직면하고 있습니다. 불평등의 심화, 도시의 양극화, 그리고 기후 변화와 같은 문제들이 도시의 번영을 위협하고 있습니다. 세계화와 기술 진보는 세상을 더 평평하게 만들 것이라는 희망을 품게 했지만, 실제로는 그렇지 않았습니다. 오히려 세상은 점점 더 뾰족해지고 있습니다. 암스테르담, 로테르담과 같은 도시에서 이러한 경향은 더욱 뚜렷하게 나타나고 있습니다.

팬데믹 이후, 원격 근무의 확산은 도시의 상업 지역에 큰 충격을 주었고, 이는 도시의 경제와 사회적 구조에 깊은 영향을 미치고 있습니다. 이러한 변화 속에서 이 두 도시는 새로운 방향성을 모색해야 합니다. 유연한 근무 환경과 창의

적 상호작용의 조화를 이루기 위해 도시의 역할은 더욱 중요해졌으며, 지속가능한 발전을 위해서는 더 저렴한 주택과 효율적인 대중교통, 그리고 환경 친화적인 도시 개발이 필요합니다.

이 책이 단순히 베를린과 함부르크를 소개하는 데 그치지 않고, 도시가 어떻게 발전하고 변화하며, 또 어떤 도전에 직면하고 있는지 이해하는 데 도움이 되기를 바랍니다. 필자는《도시의 얼굴 - 베를린·함부르크》를 집필하면서, 각 도시의 현지에서 직접 체험하고 연구하며 도시의 정체성과 그 미래에 대한 깊은 통찰을 담아 내고자 노력했습니다. 도시를 사랑하고, 여행을 즐기며, 도시의 역사와 문화를 탐구하는 모든 이들에게 이 책이 작은 영감이 되기를 기대합니다.

마지막으로, 이 책이 세상에 나올 수 있도록 아낌없는 격려와 지원을 보내 주신 한국 부동산개발협회 창조도시부동산융합 최고경영자과정(ARP)과 차세대 디벨로퍼 과정(ARPY) 가족 여러분, 그리고 김원진 변호사님, 정호경 대표님 등 사회 공헌 가치에 공감하고 동참해 주시는 공공협력원 가족 여러분, 1년여 동안 책의 출판을 위해 도와주셨던 아르떼203 여러분, 그리고 저를 아껴 주시는 모든 분들께 감사의 말씀을 전합니다.

베를린과 함부르크라는 두 도시의 특별한 얼굴을 발견하고 그 안에 담긴 이야기를 깊이 있게 이해하는 여정이 되기를 바랍니다.

2024년 11월 이 창 민

목차

독일(Germany)
전체 지도 및 주요 도시
슐레스비히홀슈타인
Schleswig-Holstein
자유 한자 도시 함부르크
Freie und Hansestadt Hamburg
함부르크
자유 한자 도시 브레멘
Freie Hansestadt Bremen
니더작센
Niedersachsen
하노버
작센안할트
Sachsen-Anhalt
노르트라인베스트팔렌
Nordrhein-Westfalen
뒤셀도르프
튀링엔 자유
Freistaat Thüringen
헤센
Hessen
프랑크푸르트
라인란트팔츠
Rheinland-Pfalz
자를란트
Saarland
바이에른 자유
Freistaat Bayern
슈투트가르트
바덴뷔르템베르크
Baden-Württemberg
뮌헨

메클렌부르크포어포메른
ecklenburg-Vorpommern

베를린
Berlin

베를린

츠담

브란덴부르크
Brandenburg

작센 자유
eistaat Sachsen

드레스덴

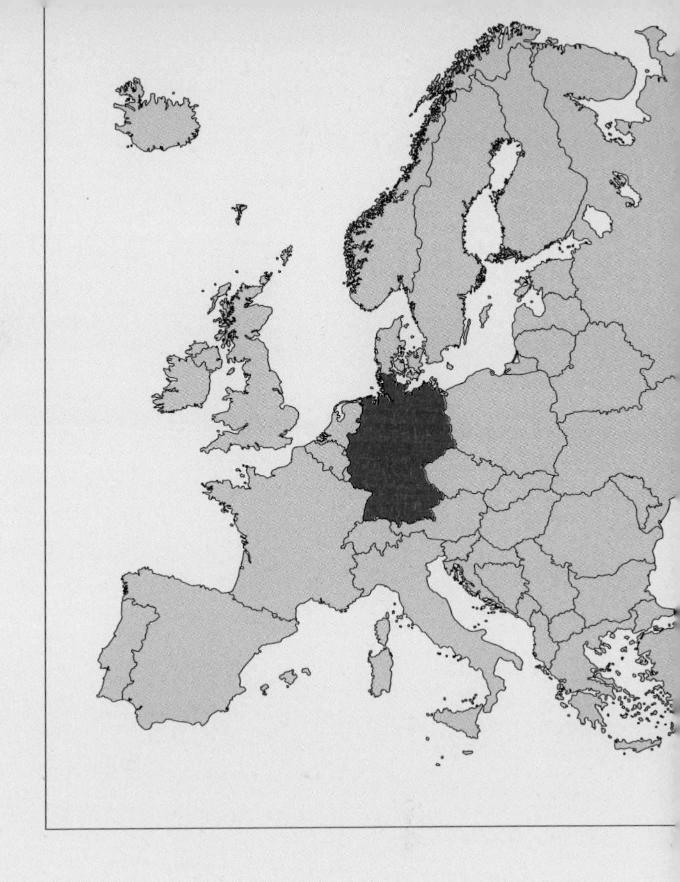

1
독일 개황

독일
(Germany)

1. 독일 개요

면적 - 35만 7,376km^2(한반도의 1.61배)
수도 - 베를린(Berlin), 375만 명(2023년)
인구 - 8,448만 명(2023년)
민족 - 독일인(80.7%), 터키인(4%), 폴란드인(2%), 기타(13.3%)
기후 - 온대성 연평균기온 –1.7°C~18.1°C(2017 연평균 9.6°C)
공용어 - 독일어
종교 - 카톨릭(28.6%), 개신교(26.6%), 이슬람(5.2%), 무교 및 기타(39.6%)
GDP - 4조 4,573억 달러(2023년)
(1인당 GDP) 5만 2,727달러(2023년)
행정구역 - 16개 주 ※'바이에른 자유주'는 전체 독일 면적의 5분의 1 차지

35만 7,376km^2

8,448만 명

4조 4,573억 달러

2. 정치적 특징

정부 형태 - 내각제책임제

국가 원수 - 프랑크발터 슈타인마이어(Frank-Walter Steinmeier) ※2017.03 취임
올라프 숄츠(Olaf Scholz) ※ 2021.12 취임

선거형태 - 권역별 비례대표제

정당구분 - 사회민주당/좌파당/녹생당/기독민주연합, 기독사회연합
※올라프 총리는 사회민주당 소속

기타 - 대통령 임기 5년, 1회 연임 가능/총리 임기4년, 연임 가능

프랑크발터 슈타인마이어 대통령*

올라프 숄츠 총리*

- 브렉시트, 난민 문제 등 다양한 EU 내의 문제들을 하나로 이끄는 역할을 하고 있으며, 함부르크에서 개최된 G20 정상회의에서도 자유무역과 기후변화협정의 수호자임을 자처

3. 독일 약사(略史)

연도	역사 내용
AD 9~3C	독일 역사 시작, 훈족의 공격으로 게르만족 대이동
476~751	로마제국 멸망 및 프랑크 제국 건국(메로빙거 왕조)
768	카를 국왕 즉위
782	작센 부족 및 바이에른 부족 정복
795	교황 레오 3세 즉위
800	카를 대제가 로마 황제의 관을 수여받음
843	베르됭 조약으로 카를 대제의 제국 분할
870	메르센 조약 체결
911	콘라트 1세의 독일 국왕 즉위로 인하여 카롤링거 왕조 단절 및 프랑켄 왕조 성립
919	작센 왕조의 하인리히 1세가 독일 국왕에 즉위
962	오토 1세가 황제 즉위에 따른 신성 로마 제국 건국
1024	잘리어 왕조의 콘라트 1세 즉위
1077	하인리히 4세와 교황 그레고리오 7세 투쟁으로 인한 카노사의 굴욕 발생
1138	슈타우펜 왕조의 콘라트 3세 즉위
1189	제3차 십자군 원정에 프리드리히 1세 참전
1241	한자 동맹 성립
1254	라인 도시 동맹 성립
1273	합스부르크가의 루돌프 1세 즉위
1351	독일 전체 지역으로 흑사병 발발
1356	카를 4세의 금인 칙서 발표로 인해 황제 선거 제도인 7선제후 시대 시작
1376	슈바벤 도시 동맹 결성
1450	구텐베르크의 성서 출판
1524	농민 전쟁 발발
1555	아우구스부르크 회의를 통해 루터파 공인
1601	레겐스부르크 종교 회의
1618~48	로마 가톨릭교회 지지국과 개신교 지지국 사이에서 30년 전쟁 발발
1648	베스트팔렌 평화 조약
1701~14	에스파냐 왕위 계승 전쟁

1701 프리드리히 3세가 프로이센 왕국을 성립하며 프리드리히 1세로 즉위

1740 프리드리히 2세 즉위 및 오스트리아 왕위 계승 전쟁

1756~63 7년 전쟁, 슐레지엔이 프로이센에 귀속됨

1792 혁명 전쟁 발발

1806 신성 로마 제국의 해체로 라인 연방 결성

1834 독일 관세 동맹 결성

1840 프리드리히 빌헬름 4세 즉위

1848 공산당 선언 발표 및 베를린 3월 혁명 발발

1850 연맹 의회 개최

1853 크림 전쟁 발발

1861 빌헬름 1세 즉위

1864 프로이센 – 덴마크, 프로이센 오스트리아 전쟁

1870~71 프로이센 – 프랑스 전쟁

1914~18 제1차 세계대전

1939~45 제2차 세계대전

출처: www.shutterstock.com

1961 베를린 장벽 건설 시작

1989 동베를린 100만 명 시위 및 베를린 장벽 붕괴

출처: 위키피디아

1990.10 독일 재통일

2012 독일 대통령 선거(요아힘 가우크 당선)

2016 베를린 트럭 테러 사건 발생

2017 독일 대통령 선거(프랑크발터 슈타인마이어 당선)

4. 독일 행정구역(16주)

슐레스비히홀슈타인
Schleswig-Holstein
자유 한자 도시 함부르크
Freie und Hansestadt Hamburg
메클렌부르크포어포메른
Mecklenburg-Vorpommern
자유 한자 도시 브레멘
Freie Hansestadt Bremen
베를린
Berlin
니더작센
Niedersachsen
브란덴부르크
Brandenburg
작센안할트
Sachsen-Anhalt
노르트라인베스트팔렌
Nordrhein-Westfalen
작센 자유
Freistaat Sachsen
튀링엔 자유
Freistaat Thüringen
헤센
Hessen
라인란트팔츠
Rheinland-Pfalz
자를란트
Saarland
바이에른 자유
Freistaat Bayern
바덴뷔르템베르크
Baden-Württemberg

번호	주명
1	바덴뷔르템베르크(Baden-Württemberg)
2	바이에른 자유(Freistaat Bayern)
3	베를린(Berlin)
4	브란덴부르크(Brandenburg)
5	자유 한자 도시 브레멘(Freie Hansestadt Bremen)
6	자유 한자 도시 함부르크(Freie und Hansestadt Hamburg)
7	헤센(Hessen)
8	메클렌부르크포어포메른(Mecklenburg-Vorpommern)
9	니더작센(Niedersachsen)
10	노르트라인베스트팔렌(Nordrhein-Westfalen)
11	라인란트팔츠(Rheinland-Pfalz)
12	자를란트(Saarland)
13	작센 자유(Freistaat Sachsen)
14	작센안할트(Sachsen-Anhalt)
15	슐레스비히홀슈타인(Schleswig-Holstein)
16	튀링엔 자유(Freistaat Thüringen)

5. 경제적 특징

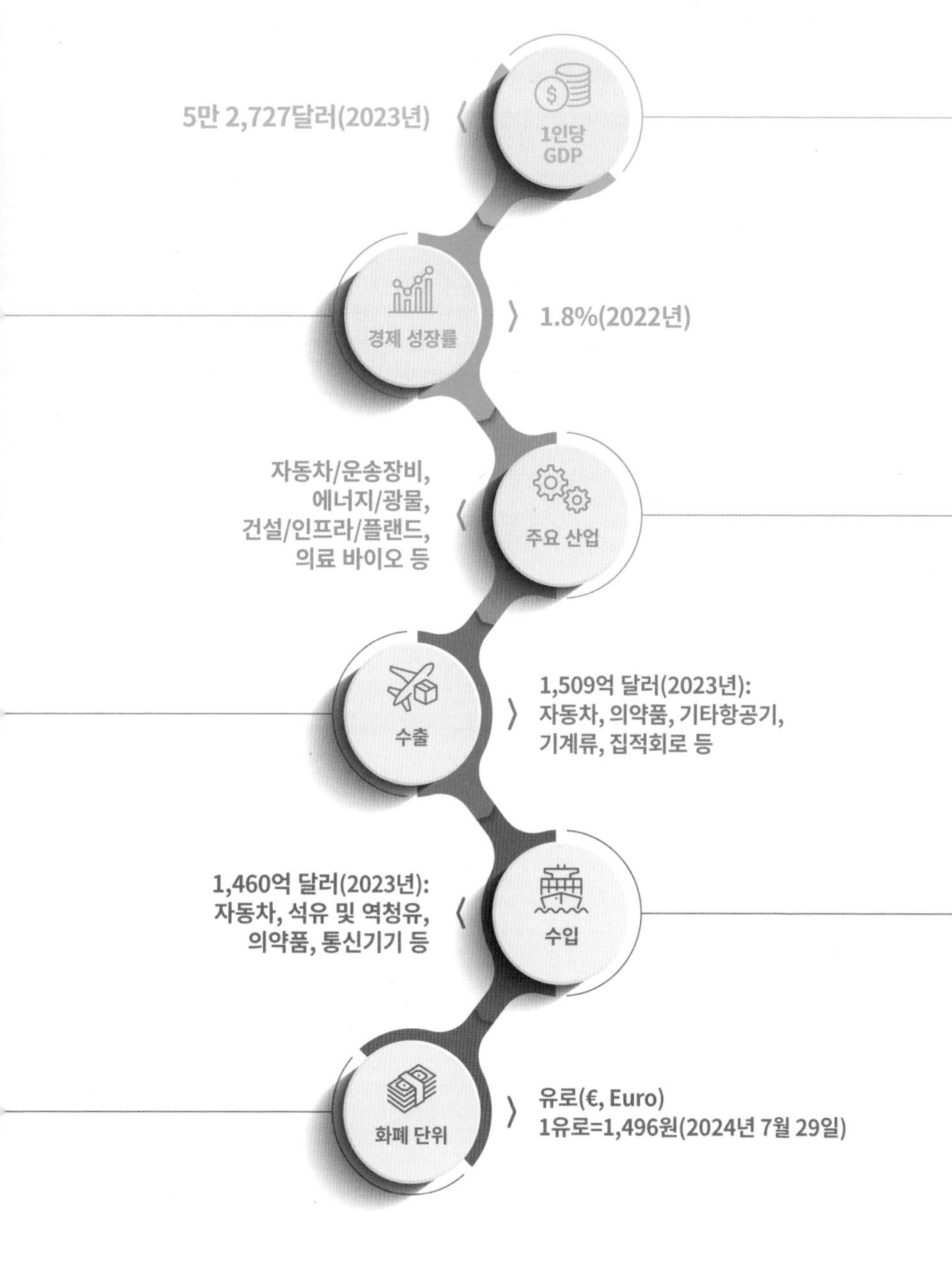
5만 2,727달러(2023년)
1인당 GDP
경제 성장률
1.8%(2022년)
자동차/운송장비,
에너지/광물,
건설/인프라/플랜드,
의료 바이오 등
주요 산업
수출
1,509억 달러(2023년):
자동차, 의약품, 기타항공기,
기계류, 집적회로 등
1,460억 달러(2023년):
자동차, 석유 및 역청유,
의약품, 통신기기 등
수입
화폐 단위
유로(€, Euro)
1유로=1,496원(2024년 7월 29일)

6. 사회문화적 특징

▣ 철학 문화

- 독일인은 서구 개인주의와 공동체 감정이 결합된 '게뮈트'가 존재
- 니체, 하이데거 등 세계적으로 유명한 철학자 존재

▣ 규칙적이고 계획적

- 독일인은 '약속'에 대한 자세가 철저하고 약속을 중요시함
- 작은 일부터 비즈니스 약속까지 미리 약속하고 그 시간에 행동함
- 절차와 순서를 중요시하고 감정적 호소에 민감하게 반응하지 않음

▣ 게르만족 특성 및 역사

- 북방민족, 강한 민족, 적자 생존, 서열 의식, 상하 복종-법 발달, 질서
- 노르망족(North Man)-북쪽 사람(덴마크/스웨덴 지역)
  - 바이킹족이 프랑스 노르망 정복, 프랑스 노르망디(북쪽 사람이 사는 땅) 지역의 유래
  - 4세기 게르만족 대이동-서로마제국 멸망 200년간 게르만족 지배
  - 로마 문명 위에 게르만 문명이 융합
- 이름만 있으니 신분 구별이 안 됨, 자급자족시대 직업을 성으로 붙임

※ 예) 엘리자베스 테일러(재단사), 아이젠하워(대장장이)

- 귀족 표시 이름-자기가 다스리는 영토나 마을 앞에 이름 붙임

나라	출신(from, of)	사례
독일	VON	- Otto von Lamsdorf(람스도르프 출신 오토) - Herbert von Karajan(카라얀)
네덜란드	VAN	- Vermeer van Haarlem
프랑스	DE	- Charles de Gaulle

▣ 베를린 인구 구성

국적	비율	국적	비율
독일	71%	아시아	3%
터키	5.5%	아랍	2%
폴란드	3%	그 외(미국, 아프리카 인구)	7.5%

6-1. 터키와 독일의 관계

▣ 개요

- 터키와 독일의 친밀한 관계는 1761년부터 시작되었으며 오스만족이 프러시아와의 무역 확장을 위해 베를린에 대사관 설립
- 20세기 초에 터키를 지배했던 혁명군은 독일의 지지를 얻었고, 독일의 뜻에 따라 제1차 세계대전에 참전했으며 종전 이후에 독일은 터키의 최대 교역국이 되었음
- 1920년대 독일의 도움을 받아 터키 공화국을 설립함
- 2018년 독일 인구 8,200만 명 중 약 350만 명이 터키 출신으로 가장 많은 비율을 차지하고 있음
- 과거 제2차 세계대전 이후, 독일에 노동력 인구의 부족 현상으로 인해 많은 터키인들이 독일로 유입됨
- 손님 노동자(Gastarbeiter)라 불려, 외국인의 고착화를 막기 위해 법적으로 매 2년마다 귀국을 해야 했으나, 당시 부족했던 노동력과 사회에서 터키인들을 필요로 했기 때문에 1964년 개정된 터키와의 협약서에서 터키 노동자들에 대한 강제 순환 원칙이 적용되지 않음
- 1960년 말부터 가족을 동반한 터키인 노동자들의 유입이 많아져 한시적인 의미로서의 '손님 노동자'가 아닌 '이주민'의 성격을 띠게 됨

▣ 갈등 양상

- 급격하게 늘어나는 이민자를 막기 위하여 1982년 출범한 기민당의 헬무트 콜 정권은 '외국인 귀환 촉진법'을 만들어 엄격한 이민 제한을 둠
- 하지만 대체 노동력을 찾기 힘들었던 독일의 상황으로 인하여 법의 의미가 퇴색되었으며 1980~1990년대 동구권의 붕괴로 인한 정치적 망명자의 유입으로 인해 실제 외국인의 수는 더 증가하게 됨
- 독일 이민자들의 자녀인 이민자 2·3세대의 경우 학교 교육에 제동을 걸었으며 현재에도 많은 2세들이 독일 사회에 적응을 하지 못함
- 독일 문화상 다양한 문화의 공존보다는 타 문화를 배척하는 경우가 강한데 이러한 환경 속에서 특히 이슬람교를 믿는 터키인들은 논란의 중심에 섬
- 사회 문화적 갈등의 가장 큰 장애 요인으로 이주민 2·3세의 언어 능력 부족과 교육 결핍이 손꼽힘
- 1993년 5월 졸링겐시에서 극우주의자들의 방화 테러 사건이 일어날 정도로 독일 사회에서 터키인들의 입지는 외딴 섬과 같음
- 독일 국가대표 축구 선수 외질(터키계 독일인)은 자신이 당했던 인종 차별과 관련한 발언을 SNS에 올리며 독일 사회에서의 터키계 이민자들이 받는 수모를 대변했음

※ 졸링겐시 테러 사건

- 1993년 5월 29일 새벽 1시 40분경 졸링겐시의 터키인 거주 가옥에 대한 극우주의자들의 방화로 인하여 4세와 9세 어린이 2명을 포함한 가족이 사망한 사건

▣ 회복 양상

- 졸링겐시 테러 사건 및 다양한 터키인들에 대한 무차별적 사건으로 인하여 독일 사회가 이민자 배제에서 포용 분위기로 돌아섬
- 1998년 그동안의 기민당 주도가 아닌 녹색당 및 사민당 연합정권이 들어섬에 따라 이민자들에 대한 통합 정책을 발표함
- 국적법을 개정한 것이 가장 큰 변화로서 개정된 법률에 따라 2000년 1월 이후 독일에서 출생한 외국인 자녀들도 부모 중 한 쪽이 8년 이상 독일에서 거

주하거나 영주권 등을 소유하고 있으면 자동으로 시민권을 부여받음
- 다만 2001년 발생한 미국의 9.11 테러로 인하여 무슬림들을 잠재적 테러리스트로 바라보는 시선이 늘어났으며 포용 정책이 급속하게 얼어붙음

▣ 독일과 터키의 갈등
- 터키의 군부 쿠데타 이후 정치적 망명 및 망명자 반환에 대하여 독일 정부의 반대로 터키 정부와의 갈등이 깊어짐
- 터키는 독일 특파원을 체포했으며 이에 독일은 터키 개헌 지지 집회를 불허하는 등 양국간의 신경전이 극에 달함

7. 독일 비즈니스 매너 및 에티켓

(1) 복장

▣ 독일에서는 바이어와의 첫 만남이나 계약서 작성 시에는 정장 차림 필수

▣ 안면이 있는 경우에는 편한 차림도 상관없지만, 공장 방문, 공장 관련 실무 투입 상담 등은 노타이의 세미 정장이 적합

(2) 의사 소통

▣ 공식적인 만남에서 일반적으로 남녀를 불문하고 악수

▣ 상대방이 허락하지 않은 경우, 이름을 부르지 않고, 성앞에 헤어(Herr=Mr.) 또는 프라우(Frau=Miss, Ms, Mrs.)를 붙이는 것이 예의

(3) 약속

▣ 독일인은 약속을 매우 중요시함. 그러니 약속을 번복하지 않기 위해 단순한 미팅이나 시간 약속 전에 신중한 사전 검토 필요

▣ 독일 바이어와의 약속은 반드시 최소 2주~1개월 전에 메일 등 서면으로 시행하고, 피치 못할 사정이 생긴 경우에는 미리 충분한 이유 설명과 함께 양

해 구해야 함

(4) 선물 · 식사

- ▣ 독일에서는 비즈니스와 관련해 일반적으로 선물을 주고받는 것이 널리 보편화돼 있지 않지만, 부담이 없는 선물 준비 전달은 나쁘지 않음
- ▣ 10유로 이상의 선물 혹은 식사 대접의 경우, 상사나 내부에 보고해야 하는 경우가 대부분이라 선물이 상대방을 곤혹스럽게 할 수 있음
- ▣ 독일인은 이국적인 선물에 관심이 많으므로 고가의 선물보다는 한국 전통 제품이 선물로서 바람직
- ▣ 업무상 식사 약속 시간은 점심이 바람직하고, 저녁 및 회식을 비선호
- ▣ 상대방의 잔을 대신 채워 주는 것, 코를 푸는 행동 등은 예의에 어긋나는 행위이며, 술이나 물을 따를 때 잔에 닿지 않게 해야 함
- ▣ 음식이나 술 등을 권할 때 한 번 권해서 'No'라는 대답을 들었으면 더 이상의 강요가 있어서는 안 됨

(5) 인사 · 대화

- ▣ 독일은 역사적으로 세계대전을 두 번이나 치른 나라로, '나치'에 관련한 역사적 사실에 대해 민감, 애국심을 찬양하는 것도 터부시되어 왔는데, 이는 애국심을 부추겨 침략 전쟁을 일으켰다고 믿기 때문
- ▣ 개인 사생활에 대한 질문은 자제하는 편이 좋으며, 특히 수입과 관련된 항목은 친한 친구에게도 물어보지 않는 것이 일반적

(6) 비즈니스 협상

- ▣ 세부 사항에 대해서는 지식이 상당한 편이지만 담당 분야를 벗어나면 잘 모르는 경우가 있음
- ▣ 대부분 미팅 전에 철저히 준비를 해 미팅 시간 내에 협의를 마치려고 함. 또한 미팅의 목적은 결론과 결과를 얻으려는 것이지 토론을 하는 것이 아님

- ▣ 상대방을 설득하고 싶다면 감성에 호소하기보다는 객관적인 수치, 그래프, 표 등 데이터를 준비하는 것이 더욱 효율적
- ▣ 외국인이라도 독일어가 유창하지 않으면 큰 배려를 받을 수 없으며, 둘 다 영어를 사용하지 못하는 경우라면 통역관이 필요

2

베를린의 도시 재생 및 개발 정책과 현황

1. 베를린 개황

1) 개요

면적	891.8km^2(독일 총면적의 0.2%)
인구	375만 명(2023년)
위치 (독일 동부)	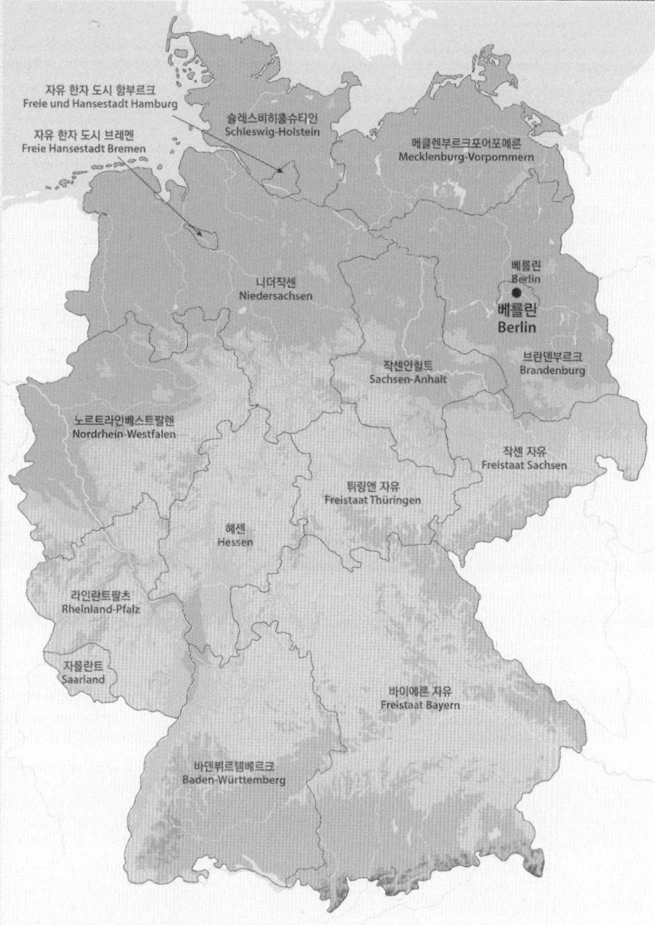
기후	온대습윤 기후와 냉대습윤 기후의 중간
GDP	약 1,932억 유로(2023년)
1인당 GDP	약 5만 1,209유로(2023년)

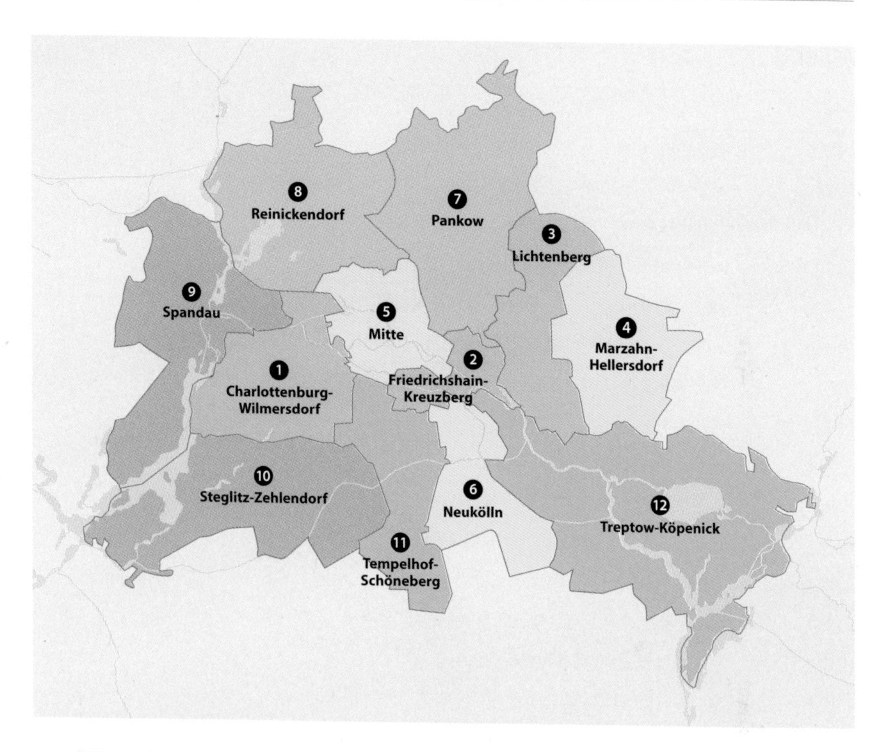

(1) 베를린의 행정구역

번호	행정구역
1	샬로테버그 윌머스도르프(Charlottenburg Wilmersdorf)
2	프리드리히샤인 크로이츠베르크(Friedrichshain Kreuzberg)
3	리히텐베르크(Lichtenberg)
4	마잔 헬러스도르프(Marzahn Hellersdorf)
5	미테(Mitte)
6	노이쾰른(Neukölln)
7	판코우(Pankow)
8	레이니켄도르프(Reinickendorf)
9	슈판다우(Spandau)
10	스테글리츠 젤렌도르프(Steglitz Zehlendorf)
11	템펠호프 쇠네베르크(Tempelhof Schöneberg)
12	트렙토프 쾨페닉(Treptow Köpenick)

(2) 약사

연도	역사 내용
1237	베를린의 자매 도시격인 쾰른이 문서에 첫 언급됨
1244	베를린이 문서에서 처음으로 언급되었으며 이때가 베를린의 탄생 연도
1307	베를린과 콜린이 합쳐져 하나의 도시로 탄생함
1360	베를린-콜린이 한자 동맹에 가입함
1443	슈프리섬에 베를린 도시 궁전의 건설이 시작됨
1539	요하임 2세가 당선된 후 브란덴부르크 전역에 루터교 교회 조례를 통과함
1618	종교 갈등으로 인하여 30년 전쟁이 발발하였으며 베를린은 큰 피해를 입음
1631	베를린에 흑사병이 창궐함
1640	프리드리히 빌헬름이 요새와 인프라를 건설함
1701	프러시아의 프리드리히 1세가 베를린을 왕가의 거주지 및 수도로 승격함
1740	프리드리히 2세가 프러시아의 선두 공업 도시로 개발함
1806~08	나폴레옹 군대가 베를린을 점령함
1862	도시계획가 야메스 호브레흐트가 주택 공급 문제를 해결함
1871	독일 제국 성립 및 베를린 인구 80만 명 돌파
1933	아돌프 히틀러가 독일 총리가 됨
1936	베를린 올림픽 개최
1939	제2차 세계대전 발발로 인해 베를린 타격
1943	연합군의 폭격이 이루어짐
1945	베를린이 연합군에게 항복 선언
1961	베를린 장벽이 세워지면서 동독과 서독으로 나뉨
1963	케네디 대통령의 방문으로 제한된 여행 계획이 도입됨
1989	베를린 장벽 붕괴
1990	독일의 공식 통일 이후 베를린이 다시 공식 수도로 지정됨
1999	연방정부가 위치함에 따라 독일 정치의 중심이 됨
2013	훔볼트 포룸이 설립되어 베를린 도시 궁전 재건 사업 시작
2016	크리스마스 마켓 테러 발생
2017	메르켈 총리가 재당선됨
2021	독일 연방 선거에서 앙겔라 메르켈 총리가 16년의 재임을 끝내고 은퇴, 올라프 숄츠 당선

(3) 경제 현황

▣ 베를린에는 IT·통신 관련 기업이 1만여 개(종사자 수 약 10만 명)이 있으며, 연간 130억 유로에 달하는 매출을 기록

▣ 베를린 거점 주요 기업은 도이치 텔레콤, SAP, 지멘스, 시스코, 마이크로소프트, IBM, 모토로라, 오라클, 이베이 등 글로벌 IT 기업

▣ IT 분야에 대해 2011년 발표된 '베를린-브란덴부르크 공동 혁신 전략'에 따라, 베를린과 브란덴부르트 주는 IT 산업 및 에너지·보건의료·광학·물류 분야에서 협력과 상생을 통하여 경쟁력을 강화하는 데 주력

▣ 베를린을 중심으로 스타트업 생태계 클러스터가 만들어졌으며, IT, 콘텐츠 산업, 인터넷 기반이 주를 이룸. 베를린 소재 VC·액셀러레이터·엔젤 투자사는 약 40개, 스타트업 3,000여 개 이상, 5개의 유니콘 기업을 보유

▣ 베를린 주요 산업

구분	산업 내용
자동차 산업	- 전기자동차 육성 정책이 독일 및 유럽의 전기차 산업에 영향을 미침 - 메르세데스 벤츠는 이미 자율 및 전기 자동차 선도 기업 역할
기계 산업	- 금속 채취 및 광산 기계의 수출이 매년 증가하고 있으며, 친환경적 에너지를 위한 기계 설비 수요 증가 - 에너지 및 천연 광물의 부족으로 기계 산업에 대한 수요가 증가하여 지속적으로 성장
전기, 전자, IT	- 독일은 인더스트리 4.0과 더불어 4차 산업 혁명에 효과적으로 대응 - 스마트폰, 텔레비전과 같은 홈 네트워킹 제품 수요 증가 - 하이테크 가전 제품 매출 규모는 홈 네트워킹 제품이 크며, 단일 시장으로는 유럽 내 독일이 가장 큼 - 세계 최대 가전 박람회(IFA) 개최 - 클라우드 컴퓨팅, 모바일 데이터 서비스 등 텔레커뮤니케이션 발달 - IT 및 통신 관련 기업이 1만 개(종사자 수 약 10만 명) - 주요 기업으로는 SAP, IBM, 모토로라, 오라클, 이베이 등이 있음
화학 산업	- 베를린 내 금속 및 전기 산업과 더불어 가장 매출이 높고 고용 비용이 큰 산업 - 바이오 기술 산업의 발달 - 독일 연방 정부의 바이오산업 육성정책 '바이오리전(BioRegion)' 계획 수립
철강 산업	- 유럽 내 가장 많은 조강 생산

(4) 주요 교통편

▣ 공항

- 과거에는 여러 공항이 있었지만 모두 폐쇄되었고, 현재 베를린 브란덴부르크 공항으로 통합되어 2020년 10월 31일 개항
- 과거에 운영되었던 공항:
  베를린 테겔 공항(TXL): 2020년 11월 8일 폐쇄
  베를린 쇠네펠트 공항(SXF): 2020년 10월 25일 폐쇄
- 2023년 기준 연간 4,000만 명의 승객이 이용했으며 총 49개국 148개 목적지로 항공편이 운항됨

▣ 기차·지하철

- 지하철 약 25개 노선, 트램 20개 노선이 존재함
- 공항에서 지하철 및 버스로 1시간 내 베를린 시내 진입 가능
- 독일 국내뿐 아니라, 비엔나, 프라하, 취리히, 바르샤바, 부다페스트, 암스테르담과 같은 여러 도시와 연결되어 있음

2) 베를린 도시 주요 특성

▣ 역사, 예술문화, 국제금융 중심, 창작·스타트업, 재생의 도시

▣ 분단의 표상에서 세계의 중심 글로벌 창조 도시로 성장함

▣ 국제금융 업무의 도시

▣ 베를린 자체의 평균 인구 나이가 굉장히 젊으며 베를린 인구의 약 40%는 35세 이하, 신입사원의 약 68%가 33세 미만으로 젊음이 유지되고 있음

▣ 역사, 스타트업, 예술, 디자인, 문화의 도시, 창작 물결의 도시로서 창업 열풍의 중심에 있으며 다양한 스타트업 기업들이 들어서고 많은 젊은 창업가들이 모임

▣ 다양한 국적의 사람들이 있어 모국어인 독일어를 제외하고 영어 보급률이 높아 많은 글로벌 인재들이 모이는 장소

▣ 과거 독일이 저지른 아픈 역사가 하나의 작품이고 동시에 역사를 보존하는

랜드마크들을 만들어 역사가 곧 예술이 됨

▣ 미래 도시 경쟁력 확보를 우선순위로 놓아 인재 정착을 위한 환경을 조성하고 있으며 창의적 아이디어를 반영한 혁신적 도시 개념을 도입하여 우수 인재들이 체류하고 근무할 수 있는 여건을 만들어 줌

▣ 각 도시별 주거, 안전, 삶의 질 등을 종합적으로 평가하여 도시별 랭킹을 정하는 밀레니얼 시티 랭킹(Millennial Cities Ranking) 2018년 기준 베를린은 2016년 종합 2위, 2017년 종합 1위를 달성함. 참고로 서울은 2017년 기준 65위

▣ 주거 환경, 부동산 시장 등을 종합 조사 지표로 내는 PWC-Europe의 경우, 2018년 베를린을 투자 및 개발 희망 1순위 지역으로 꼽았으며 2019년 자료에는 베를린이 투자 3위, 개발 2위에 선정되었음. 또한 투자 및 개발 우수 지표가 3.5점 이상인 것에 비해 베를린은 각각 4.12, 4.11점으로 상위에 위치함

3) 실리콘 알레

▣ 2011년 베를린 미테 지역의 창업가 슈일러 데르만(Schuyler Deerman)과 트래비스 J. 토드(Travis J. Todd)가 실리콘 알레(Sillicon Allee)라는 커뮤니티를 통해 창업자들을 위한 이벤트를 개최한 것이 시초

▣ 2012년부터 베를린에 조성된 IT 벤처 지구로서 공용어로 영어가 사용되며 매년 100개 이상의 스타트업 및 약 5,000개 이상의 일자리가 창출됨

▣ 2019년 기준으로, 베를린에는 약 3,000개의 스타트업이 있었으며 이는 유럽에서 가장 높은 밀도 중 하나임. 2020년에 약 43억 유로의 투자금을 유치했으며, 이는 유럽 전체에서 런던 다음으로 높은 수치임. 약 5만 명 이상의 외국인 이민자들과 창업한 IT 기업 등 약 10만 명의 인재들이 근무하고 있음

▣ 평균 연령은 20~30대 젊은 청년층으로 구성되어 있으며 유럽 및 세계적 도시들에 비해 평균 임대료가 낮아 많은 젊은 창업가 및 고학력 인재들이 모임

▣ 지역의 저렴한 임대료와 동독 지역 내 빈 건물들을 이용하여 창업 중심지로 떠오름

■ 주요 지역

① 크로이츠베르크(Kreuzberg)

- 베를린 남쪽에 위치하고 비교적 어린 연령층이 모여 있으며 임대료 및 지가가 상대적으로 저렴함
- 베타하우스(Betahaus), 레인메이킹 로프트(Rainmaking ROFT), 임팩트 허브(Impact Hub) 등 다양한 코워킹 스페이스가 존재함

② 프렌츨라우어베르크(Prenzlauerberg)

- 베를린 IT 업계가 밀집되어 있는 지역으로 베를린에서 북동쪽에 위치함
- 창고형 건물들이 많으며 주거환경과 인프라가 잘 갖추어져 있음
- 유명한 벤처기업들이 모여 있어 지가가 상대적으로 높아짐
- 대표적으로 리서치 게이트(Research Gate), 우가(Wooga), 사운드 클라우드(Sound Cloud) 등이 있음

4) 베를린 장벽

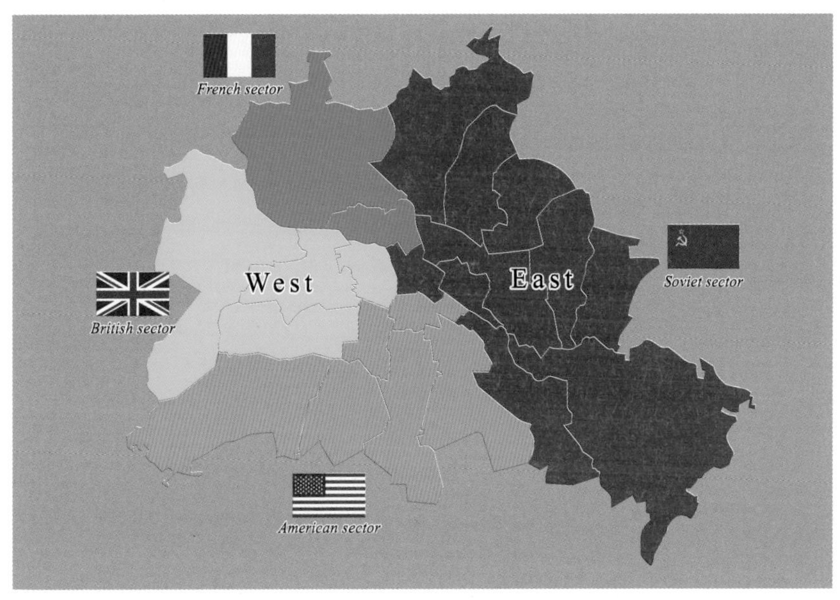

• 서베를린과 동베를린 진영

구분	내용
위치	Bernauer Str. 111, 13355 Berlin, Germany
길이	155km(실제 장벽은 43km)
주관	흐루시초프(Nikita Khrushcev), 울브리히트(Walter Ulbricht)
존속 기간	1961~1989년
특징	- 연합군 지역은 동독 사이에 둘러싸여 '육지의 섬'이라 불림 - 베를린은 가장 오래된 수도로서 연합군과 소련군 모두 베를린의 관리를 포기하지 못함 - 물리적인 장벽은 생겼지만 상호간의 교류는 활발했음 - 1989년 11월 9일 동베를린 시민들이 베를린 장벽 부근으로 갔으며 서베를린 출입을 허락함으로써 사실상 베를린 장벽의 붕괴가 시작됨

▣ 제2차 세계대전 말, 베를린은 소련군에게 점령당했으며, 얄타 회담을 통해 연합군과 소련이 나누어 관리

▣ 베를린 장벽이 세워질 당시 연합군에게 서독은 군사 주둔지이자 비밀 경찰을 동독으로 침투시키는 역할을 함. 동독 노동자의 이주뿐 아니라 동독 마르크의 화폐 가치가 하락함에 따라 소련군은 1961년 8월 3일 베를린 장벽 건설. 베를린 장벽은 동독이 건설한 것으로 서베를린을 동베를린과 그 밖의 동독으로부터 분리하는 장벽이 되었으며, 냉전 시대의 가장 큰 상징으로 작용

▣ 베를린 장벽이 존재했어도 서·동독간의 왕래가 있었지만 브란덴부르크 문을 통해서만 허가를 받아 왕래가 허용

▣ 소련의 체제 붕괴에 잇따라 독일의 통일이 추진되었으며, 1989년 대대적인 동독 주민의 이주가 이루어지자 동독의 최고지도자 크렌츠는 사태 완화를 위해 난민들의 서독 방문을 허용하겠다는 결정을 내렸으나, 즉각 허용될 것이라는 언론의 오보로 인하여 동독 시민이 국경 수비대를 뚫고 서베를린으로 넘어감

▣ 동독 정부의 공식 장벽 철거는 다음 해인 1990년 6월 13일에 시작되어 역사적 기념물과 약간의 구간을 제외한 모든 부분은 1991년 11월까지 철거됨

• 베를린의 과거(왼쪽)*와 현재(오른쪽)   출처: 플리커 - TeaMeister(오른쪽)

2. 베를린 도시 재생

1) 베를린 도시 개발 역사

(1) 12~18세기

• 베를린과 쾰른 마을 지도   출처: medienwerkstatt-online.de

■ 12세기 엘베강과 오데르강 사이의 밀집된 마을 네트워크가 형성되었으며 두 개의 분리된 정착지인 쾰른(Cölln)과 베를린 마을이 생김
■ 1618~1648년 30년 동안 인구가 6,000명 수준으로 감소함
■ 1701년 프리드리히 1세가 베를린을 수도로 승격시킴
■ 18세기 공산품의 주요 도시였던 베를린은 19세기에 독일에서 가장 큰 산업 도시이자 유럽에서 가장 큰 도시로 변모함
■ 프로이센 정부는 1862년에 최근에 합병된 도시계획을 수립하기 위해서 엔지니어인 야메스 호브레흐트(James Hobrecht)를 임명함
■ 노동자들을 위한 거대한 주거 지구를 건설하며 거대 임대형 아파트 건물이 탄생

(2) 제1, 2차 세계대전

■ 1933년 아돌프 히틀러(Adolf Hitler) 당시 건축가인 알베르트 슈페어(Albert Speer)가 천년 제국의 새로운 수도 '게르마니아' 건축 모델을 수립함

※ 기념비적인 승리 아치와 정부 청사 건물은 베를린 중심 위치에 계획하였으며, 많은 퍼레이드와 집회를 위한 넓은 가로수 길, 광장을 만들기 위해 오래된 베를린 건물들을 철거했음. 슈페어가 설계한 올림픽 스타디움과 템펠 호프 공항은 현존함

■ 1939~1945년 2차 세계대전 이후, 1943년 베를린 폭격으로 도시주택의 50%가 파괴되었음
■ 전쟁 이후 도시의 인구 집중 현상을 막기 위하여 저층 주거 단지를 건설함
■ 서베를린은 포츠다머 플라츠(Potsdamer Platz) 중심의 다양한 상업 지역으로 개발되었고 동베를린은 소련 통제하에 새로운 사회주의 주택과 거대한 광장이 건설됨

(3) 분단 이후 및 통일

■ 1961년 베를린 장벽 건설, 도시 분단
■ 서베를린 개발로 모더니스트 건축가인 오스카르 니에메예르(Oscar Niemey-

er), 아르네 야콥센(Arne Jacobsen), 알바르 알토(Alvar Alto), 발터 그로피우스(Walter Gropius) 및 빌리 크루어(Willy Kreuer) 들의 건축물 등장

▣ 1989 베를린 장벽 붕괴

- 1단계(1990~1995년)

· 통일의 행복감 시점으로 거대한 투기와 공허한 도심을 위한 주요 프로젝트가 수립된 시기. 거의 모든 주요 프로젝트가 사무실 건물 프로젝트에 집중됨

- 2단계(1995~1999년)

· 1단계에서 계획한 행복감 예측의 실천 단계로 그 결과 사무실 공간이 과잉 공급됨

- 3단계(1999년 이후)

· 전체적인 경제 상황을 고려한 도시 개발의 정체가 명백한 시기. 도시 개발은 계속되었지만 행복감은 훨씬 적었으며 계획이나 프로젝트는 역할을 못 함

(4) 2000년 중반 이후

▣ 도시 변화의 중심은 시민, 젊은 세대에게 원동력과 용광로가 됨

▣ 2006년 기준으로 구 동독 지역의 도시에 약 100만 채의 주택이 공실화되어 이에 대한 대책이 주로 사회경제적 측면에서 취해져 왔지만 2002년부터는 문화 예술가들이 주축이 돼서 도시의 공동화 과정을 다양한 형태로 전환하여 문화 행사를 개최하고 대안적 건축 디자인 모델을 제시하는 획기적인 프로젝트를 추진함

▣ 2000년 이후 베를린 시민들은 행복한 삶의 가치와 철학을 생각하며 '여유로운 정신의 도시'를 만들려고 노력

▣ 베를린은 2000년대 중반 이후 지구촌 최고의 핫 스팟(Hot Spot)으로 특히 동베를린 지역은 음악, 패션, 가구, 건축, 미술 등 다양한 분야에서 창의적 콘텐츠 산업을 창출하면서 젊은 예술가와 자유를 꿈꾸는 사람들을 끌어들이고 있음

▣ 제조업 기반의 취약점을 극복하기 위해 '미래 프로젝트(Projekt Zukunft)'를

추진했음. 창조 산업과 IT를 중심으로 베를린시를 문화 창조 클러스터로 육성하는 장기적인 정책 실시

▣ 주정부는 연 예산의 40%를 교육, 문화, 과학에 집중적으로 배분하고 창업자들에게 공간을 제공함

▣ 베를린시는 마이크로 펌(Micro Firms), 스타트업(창업 기업)과 같은 중소기업에 자금 지원, 대학에 창업 센터 설립, 공동 작업 공간 마련, 창업 네트워크 등 기업 활동에 필요한 부분을 지원함으로써 스타트업 허브로 성장

2) 베를린 도시기본계획의 변천 과정

(1) 도시 정책 방향과 계획 목표

▣ '외곽의 신개발보다는 기성 시가지의 정비'

▣ '주거-업무-상업-문화 등 기능 복합화를 통한 도심의 활성화'로 기성 시가지 8가지 계획 목표 설정

① 도심 기능의 복합화를 통한 활성화와 기존 도시 구조의 질적 향상

② 권역별로 조화롭고 균형 잡힌 토지 이용 유도

③ 기성 시가지의 신중한 주거지 정비

④ 역세권 등 공공 교통의 결절점을 중심으로 고용·업무 중심 기능 강화

⑤ 기존 중심지 기능을 활성화하여 다핵 공간 구조 강화

⑥ 자연생태계의 적극적인 보존

⑦ 광역적인 도시 기반 시설 및 공공시설의 유지·관리

⑧ 이동 거리의 최단 거리화를 통한 효율적인 토지 이용 추구

(2) 도시기본계획(FNP) 목표와 실천

① 입지 잠재력의 극대화

▣ 유럽 공동체의 지리적 중심지, 독일의 수도, 충분한 교통 기반 시설, 다양한 인력 풀, 우수한 연구 개발 환경 등은 베를린만이 가지고 있는 중요한 잠재력

▣ 베를린의 역사 유산을 문화 예술, 연구 분야와 연계시켜 창조 환경 조성

▣ 도심에 인접한 400ha 규모의 템펠호프 공항 재생 활용, 슈프레(Spree)와 하펠(Havel)과 같은 수려하고 풍부한 수자원을 보유한 수변 지역을 재정비 도시의 새로운 문화 여가 공간으로 탈바꿈시키는 계획 수립

② 도심 주거의 재발견

▣ 도심 주거 공간을 특정 계층만이 아니라, 어린이부터 노인까지, 1인 가구부터 가족까지, 저소득층부터 고소득층까지 다양한 계층이 어울려 살 수 있도록 조성

▣ 향후 인구 구조 변화에 따른 주거 수요의 변화에 대비하여 소형주택의 건설, 고령 인구를 위한 주택 프로그램 마련, 다양한 수요 계층 고려

③ 지속가능하고 통합적인 교통 정책

④ 지식, 기술, 서비스 중심지

▣ '바이오 산업', '의료 산업', '정보통신 및 미디어 산업', '교통 시스템', '광학 산업' 등 5대 특화 산업에 대한 진흥 계획 수립

▣ 공간 지원 정책을 통해 창조경제의 공간 기반을 제공할 계획

▣ 베를린이 보유하고 있는 역사 문화 자원과 박물관, 갤러리 등을 연계하여 도시 관광 상품을 개발하고, 이를 통해 국제 관광도시로 부흥할 수 있는 전략을 추진. 박물관 섬(Museuminsel), 쿨투어 포룸(Kultur forum), 함부르크반호프(Hamburgbahnhof) 등을 중심으로 베를린의 관광 마케팅 활성화

⑤ 공공 공간의 질적 향상

▣ 도시의 절반 이상이 녹지로 구성됨. 2,500여 개의 공공 녹지와 공원, 40만 그루의 가로수가 녹색 베를린을 조성하여 숲과 강의 자연친화적인 도시로 구성하여 후세에게도 쾌적한 환경을 물려주며 도시 내에 산재해 있는 수많은 공공 공간을 연계하여 도시의 질적 향상을 도모

⑥ 사회 통합과 글로벌시대의 시민상 제시

▣ 외국인 이민자와 저소득층이 모여 사는 크로이츠베르크(Kreuzberg), 베딩(Wedding), 노이쾰른(Neukoelln), 티어가르텐(Tiergarten) 등의 자치구에서는 사회 공간적 문제 심각

■ '지역 매니지먼트(Quatiermenagement)', '사회 통합 도시(Soziale Stadt)', '도시 재생' 등의 프로그램을 개발하여 운영

구분	개요	특징	영향
Hobrecht-Plan 호브레흐트 계획 1862	- 최초의 도시계획으로 화재 예방 기준이 주요 내용 - 근거법은 건설경찰조례	- 건축선 계획, 도로선 지정 - 도시위생과 하수 처리 - 고밀 개발이 가능한 계획 - 용도 지역과 관련 사항 없음	- 건축선과 화재 예방 기준 범위 내에서 최대로 건축행위 가능 - 현재의 베를린 도시 구조를 형성하는 기초
Bauzonenplan 건설 구역 계획 1925	- 산업화, 독일 제국의 수도, 교통 시설의 설치 등으로 베를린의 급성장	- 용도지역을 최초로 표기 → 주거·녹지·공업지역 - 용도 분리 시도 → 주거 공업 지역의 분리 - 녹지공간의 보호 - 저밀 개발 유도	- 단계별 건설 구역의 분류 (9단계)와 개별 구역에 대한 건폐율, 용적률, 층수 제한 규정 - 교외지역 개발에 영향을 미침 - 특히, 외곽의 공동 주거 단지를 조성하는 제도적 근거
Flaechennutzung-splan 도시기본계획 1950	- 전후복구사업 필요 - 토지이용의 체계적이고 계획적인 관리의 필요성	- 경직된 용도지역제 시작 - 공업 지역을 녹지축으로 분리 - 주거 지역을 인구밀도에 따라 4단계로 세분화	- 용도 및 기능의 분리는 기존 도심보다 외곽의 신도시에서 실현되었음.
Baunutzungsplan 건설 이용 계획 1961	- 동서베를린 분리 - 서베를린 중심의 계획	- 용도 지역과 밀도에 대한 규정을 종합적으로 제시 - 전체 도시에 대하여 7개 용도 세분 지역을 지정 - 건축 밀도(건폐율·용적률·층수)는 용도지역과 별도로 지정	- 현대적인 의미의 용도 지역과 밀도에 관한 개념을 정의하였음. - 단, 용도 지역과 밀도를 별개로 지정하였음
Flaechennutzung-splan 도시기본계획 1965	- 연방건설법과 건축이용령 (BauNVO)의 제정으로 현대적인 제도 틀 마련 - 최초의 도시기분계획(FNP)을 1970년에 고시	- 도시기본계획의 이원적 체계 제시(FNP과 B-Plan) - 용도 지역에 관한 구체적인 사항은 건축이용령(BauNVO)에서 규정	- 용도 지역 체계의 제도를 종합적이고 체계적으로 구축 - 용도 지역과 밀도 규정을 연계하여 지정하기 시작
Flaechennutzung-splan 도시기본계획 1984	- 주민 참여제 도입 - 생태경관계획 도입 - 중간 계획으로 생활권 발전 계획 (BEP) 도입	- 용도 지역의 유형별 분류를 체계화	- 통일 이후 여건 변화와 동베를린의 계획안 추가로 입안 필요
Flaechennutzung-splan 도시기본계획 1994	- 동서베를린 통합 도시기본 계획 수립	- 1984년 계획안을 토대로 수정 및 보완 작업 - 주거 지역(W1) 용적률이 기존 최대용적률(200%) 개념에서 허용용적률로 전환(150% 이상)	- 각종 도시개발사업과 재개발 등으로 인하여 수정 보완 사항이 증가하고 있음.
Flaechennutzung-splan 도시기본계획 2004	- FNP(1994)의 계획 내용이 사회 경제적 여건변화에 따라 수정 및 보완할 필요	- 주거 지역을 저밀 주거지역으로 하향 조정하거나 일부 녹지 지역으로 변경 - 인구 및 산업의 성장이 예상치에 못 미쳐 기반 시설 공급 계획을 축소 조정	- 계획의 틀은 유지하되 일부 계획 내용을 변경하여 FNP(1994)와 큰 차이가 없음.

• 베를린 도시계획 타임라인

출처: 세계 대도시의 기본계획 운영 방식 비교 연구, 서울연구원

(3) 베를린시 도시 재생 유형

▣ 독일 정부에서는 다양한 도시 재생 프로그램을 추진하고 있으며 가장 기본적인 도시 재생 프로그램은 중앙정부가 가이드 라인을 제시한 후 시 단위에서 개별적인 사항을 세세하게 설정함

▣ 베를린은 시 단위의 광역 정부 지원과 함께 광역시 전반을 조율하고 있음

▣ 도시 재생 프로그램 유형

① 사회적 재생(Soziale Stadt, Social City)

② 물리적 재생(Stadtumbau, Redevelopment)

③ 도심 활성화(Aktive Stadt-und Ortsteilzentren, Active urban and district center)

④ 역사 재생(Stadtebaulicher Denkmalschutz, Urban monument protection)

⑤ 소규모 재생(Kleinere Stadte und Gemeinden, Smaller town and communities trans regional cooperation and networks)

(4) 베를린시 도시 재생 모니터링 시스템

▣ 베를린은 도시 재생에 앞서 2년마다 베를린 전역을 대상으로 실업률, 사회보장 수급자 비율, 어린이 빈곤률의 3가지 지표 변화를 파악함

▣ 현재 상황과 2년 전의 상황을 비교하여 12개의 단계로 나누어 프로그램을 선정하고 베를린시의 12개 지자체 중 프로그램 추진 대상지는 베를린시와 논의를 통해 도시 재생 프로그램을 사용하게 됨

▣ 5년마다 비용을 산정하여 베를린시 자체의 지원 및 개입 여부를 결정함

3) 베를린 2030 전략 - 도시 개발 콘셉트

(1) 베를린 2030 개요

▣ 베를린 2030은 장기적인 도시의 지속가능한 경쟁력 확보를 위한 전략

- 2013년 도시 개발 전략으로 출발, 공간 개발과 더불어 도시의 강점과 약점을 분석하여 미래 지속가능한 도시 개발 전략 수립

- 6가지 질적 개선 및 8가지 전략 수립→삶의 질과 경쟁력 있는 도시환경 제고

▣ 경제, 과학, 고용, 인적 자원 훈련 면에서 2030년 세계적 리더를 목표로 하고 있으며 기후 및 에너지 방면, 지속가능 성장, 도시 친화적을 목표로 삼음

▣ 베를린을 살기 좋은 도시, 지속가능한 도시 및 글로벌 도시로 만들기 위해 결정된 전략으로 중장기 발전을 목표로 함

▣ 특히 주민 및 이웃 도시 간의 협력과 상생을 중심으로 하는 전략이 많으며 녹색 성장 및 환경에 대한 부분을 신경 쓰고 있음

(2) 질적 개선을 위한 6가지 목표

① 세계적인 흐름에 맞춘 능동적 자본

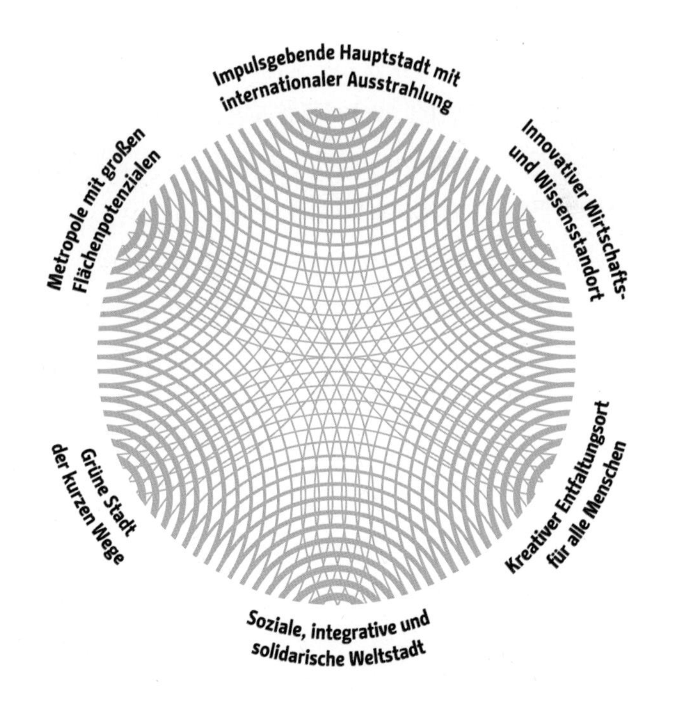

• 베를린 2030 6가지 질적 개선 목표

출처: Berlin Strategy – Urban Development Concept Berilin 2030

- 베를린은 국가 및 국제 정치 기구와 다양한 공공 및 민간 기관이 있어 전 세계적인 허브 역할을 수행하고 있음
- 사회적 및 경제적 수도로서 유럽과 독일에 지속적인 영향을 끼침

② 혁신적 경제와 과학 허브

- 베를린 내에는 다양한 과학 및 교육 기관이 존재하며 현재 다양한 연구 개발 프로그램이 진행 중에 있음
- 베를린시뿐 아니라 브란덴부르크주와의 협력을 통하여 중소기업의 기반을 튼튼하게 하는 범위를 확장하고 있음

③ 창의성을 발견할 수 있는 모두를 위한 공간 확보

- 다양한 인종 및 계층의 사람들이 모여 있으며 베를린은 개인 및 스타트업에 창조성을 발휘할 수 있는 공간을 제공함
- 다양한 창업의 기회를 찾을 수 있으며 창업 허브 및 공간이 많음

④ 사회적 돌봄 및 보호, 책임을 가진 세계적 도시

- 다양성과 평등성의 확보를 위해 정책적인 움직임이 있으며 각종 커뮤니티를 통하여 각 개인간의 연결을 놓지 않음
- 다양한 이주민들을 받아들임에 있어 '환영 문화(Welcome Culture)'가 활성화되어 있으며 개방된 도시라는 이미지를 부각함

⑤ 자연친화적 및 컴팩트 시티

- 전쟁 이후 급속한 개발 및 재생이 진행되었으며 베를린이 국가의 중심 허브로 발달할 수 있도록 주거 지역에 대한 서비스 및 사회 기반 시설을 제공함으로써 주민들이 혜택을 받을 수 있는 컴팩트 도시를 지향함
- 공터를 이용하여 다양한 공원 및 녹색 도시를 통하여 주민들의 삶의 질 향상과 도시의 기능을 증진시키고자 함

⑥ 잠재력을 가진 대도시

- 타 유럽의 주요 도시와 비교했을 때 베를린의 경우 도시 내부 및 주변 지역 모두 잠재적으로 개발할 수 있는 부지의 수가 많음
- 주택, 오피스 공간, 공공 공간 등 다양한 방식으로 활용 가능

(3) 8가지 전략 수립

① 지식을 통한 경제 강화

- 혁신 촉진 및 다양한 인재 풀을 세계적으로 유입하면서 기존 산업의 강화와 유럽의 스마트 시티로의 역할을 함
- 과학 연구 기관과 대학, 기업, 지방 정부의 기술 및 아이디어 제품에 대한 지원을 아끼지 않으며 각 기관 간의 연결을 중요시함

② 독창성 상향

- 예술, 문화, 관광 스포츠의 발전이 있으며 다양한 오픈 스페이스에서 이루어지는 행사와 박람회 등이 있음
- 문화 산업 및 스포츠는 베를린의 주민들에 대한 사회적 포용 및 창조성의 매개체 역할을 함
- 특히 제조업 분야에 대하여 베를린은 재정적 지원과 발전 혁신을 위한 지원을 아끼지 않음
- 베를린은 2009년 이후 3만 개 이상의 새로운 직업이 생겼으며 도시 중심에 약 78% 이상의 창조적 사업이 성장함

③ 교육 및 기술 습득을 통한 고용 안전성 보장

- 베를린의 주민들은 사회적 지위, 나이, 성별, 출신, 종교, 장애 또는 성적 성향 등에 구애받지 않고 동등한 교육을 받을 권리를 가짐
- 베를린 전역에 60개 이상의 도서관이 있으며 약 27만 권 이상의 책들을 소장하고 있음
- 어린이들의 교육 및 케어를 중요하게 여기며 가족 간의 일과 가정의 밸런스를 맞추고 있으며 이민자 아이들이 독일 사회에 잘 적응할 수 있는 교육 시스템을 갖춤

④ 이웃의 다양성 강화

- 베를린에 정착하는 이민자의 수는 지속적으로 상승하고 있으며 이에 따른 이웃의 다양성이 증가하고 있음
- 25개의 새로운 주거 지역의 개발로 5만 채 이상의 거주 지역의 잠재성이 있

• 베를린 2030 전략 8가지 출처: Berlin Strategy – Urban Development Concept Berilin 2030

으며 2025년까지 3만 채의 거주 지역을 더 늘릴 예정

- 도시 중심부는 소매, 레스토랑, 레저 및 문화 생활을 할 수 있는 곳들이 연결되어 있으며 이곳은 도보 및 자전거로 쉽게 찾을 수 있음

⑤ 녹색 도시 성장

- 베를린 면적의 약 44%가 나무, 농장, 공원들로 이루어져 있으며 녹색 공간은 주민들과도 밀접하게 연결되어 있어 베를린 사람들이 500m 이상을 나가지 않아도 녹색 공간을 만날 수 있음
- 평균적으로 약 1km마다 82개의 가로수들이 있으며 '베를린을 위한 가로수'라는 목표로 매년 3,300개 가량의 수목을 심음

⑥ 기후 친화적 도시를 위한 기반

- 1990년부터 에너지 절약에 힘써 왔으며 2011년부터 전체 에너지 소비량의

약 3% 정도를 재생 에너지를 사용하고 있으며 매년 그 양을 늘려가는 중

- 도시 전체적으로 이산화탄소 절감을 위해 노력하고 있으며 1990년과 비교하여 약 33%가량의 이산화탄소 양을 줄임

⑦ 접근성 및 도시 친화 이동성의 향상

- 베를린 사람들은 10명 중 3명이 자가 차량이 있으며 또한 10명 중 7명 꼴로 개인 자전거를 소유하고 있음
- 베를린의 주민들의 27%는 도보, 25%는 차량, 27%는 대중교통, 13%는 자전거를 이용하며 열차, 지하철, 트렘 등의 모든 길이를 합치면 약 1,900km에 달함

⑧ 공동 미래 조성

- 베를린 지역 사회를 위하여 국유 토지와 주택 공급에 대하여 베를린시가 조정을 하며 도시 발전에 대한 논의 및 도입을 투명하게 실행함
- 베를린의 400만 명 이상의 인구와 4,000km² 넓이의 면적을 활용하기 위하여 배를린시뿐만 아니라 베를린 광역 수도권의 의회 및 정부와의 협의가 진행됨

베를린의 주요 랜드마크 및 명소

두스만 다스 쿨투어카우프하우스
Dussmann das KulturKaufhaus

장벽 공원
Mauerpark

문화 양조장
KulturBrauerei

유로파시티
Europacity

국회의사당
Reichstagsgebäude

베를린 중앙역
Berlin Hauptbahnhof

알렉산더 광장
Alexanderplatz

대통령 관저
Schloss Bellevue

샤를로텐부르크성
Schloss Charlottenburg

베를린 전승 기념탑
Berliner Siegessäule

티어가르텐
Großer Tiergarten

브란덴부르크 문
Brandenburger Tor

박물관 섬
Museumsinsel

이스트 사이드 갤러리
East Side Gallery

비키니 베를린
Bikini Berlin

베를린 필하모니
Berliner Philharmonie

체크포인트 찰리
Checkpoint Charlie

오베르바움 다리
Oberbaumbrücke

포츠다머 플라츠
Potsdamer Platz

카이저 빌헬름 교회
Kaiser Whilhelm Memorial Church

유대인 학살 추모 공원
Memorial to the Murdered Jews of Europe

템펠호퍼 펠트
Tempelhofer feld

3

베를린의 주요 랜드마크

1. 포츠다머 플라츠

베를린 교통 중심지 상업, 주거, 문화 복합지구

1. 프로젝트 개요

▣ Potsdamer Platz. 통일 독일의 상징적인 도심 재생 사업으로 공공과 민간의 역사·문화를 중심으로 한 복합 개발 프로젝트

▣ 포츠다머 플라츠에 위치한 건물 중 대표적인 건물은 소니 센터로, 일본의 소니가 호텔, 레스토랑, 영화관 등 복합 상업 시설 건설

▣ 통일이 되면서 포츠다머 플라츠의 상징적이며 지정학적인 중요성이 부각되어 도심 재생 프로젝트의 일환으로 선정

• 포츠다머 플라츠 내부

구분	내용
위치	Potsdamer Platz, 10785 Berlin, Germany
규모	- 270,000m² - 포츠담 총 대지면적: 99,000m² - 건축물 연상 면적: 660,000m² - 다임러 벤츠(Daimler Benz): 68,000m² - 상업, 주거, 업무 복합지구 - 소니(Sony): 62,000m² - 광장, 오피스, 주거공간 복합지구 - 파크 콜로나데(Park Kolonnaden): 16,400m² - 오픈 스페이스 공간 - 레니 드레이크(Lenne Dreieck): 24,600m² - 주거, 업무, 호텔 주거공간 - 레이프지거 플라츠(Leipziger Platz): 76,000m² - 주거 및 업무 공간
주관	- 민관 합동 개발(포츠다머 플라츠 공사, Sony, DaimlerBenz 등) - 소니사 블록은 우리나라 국민연금기금에서 제1투자자로 참여(7,000억 원)
추진 일정	- 개발 기간: 1993~2000년 - 1990년 포츠다머 플라츠 부지 소니 및 벤츠에 매각 - 1991~1992년 1, 2차 설계 공모 - 1993년 베를린시 복합건물 승인, 용적률 500%
용도	호텔, 영화관, 극장, 카지노, 주거 및 상업 시설 등 복합 공간
설계	- 렌초 피아노(Renzo Piano), - 리처드 로저스(Richard Rogers), - 한스 콜호프(Hans Kollhoff)
특징	- 통일 동독 이후 베를린 재건 프로젝트의 핵심 사업지로, 베를린의 정체성 회복과 도시 경쟁력 강화를 목적으로 함 - 1920~1930년대 유럽의 교통 및 상업의 중심지였으며, 1933~1945년 나치 정부의 주요 거점이었음 - 다양한 형태의 구역이 존재하는 복합 공간이며 하루 약 10만 명이 방문함

▣ 연면적 66만m²(20만 평)의 업무(83%), 주거(10%), 상업(6%) 시설로 호텔, 영화관, 극장, 카지노, 아파트, 상업시설 등이 혼재한 복합 공간

2. 개발 경과

- ▣ 1838년 유럽의 물류 중심지로 포츠다머역이 처음으로 개관함
- ▣ 1920년대 26개의 트램과 기차, 지하철, 5개의 버스 라인이 통과하는 유럽 교통 중심지이고, 1924년 유럽에서 첫 번째 신호등이 세워짐
- ▣ 냉전시대 동독과 서독으로 나누는 베를린 장벽 설치
- ▣ 1933년 베를린시, 용적률 500% 복합 건물 승인
- ▣ 1990년 포츠다머 플라츠 부지를 소니·벤츠에 매각하고 1991~1992년 1, 2차 설계를 공모한 후 1993년부터 건설 시작

• 19세기 포츠다머 플라츠 전경 출처: weimarberlin.com

3. 개발 내용

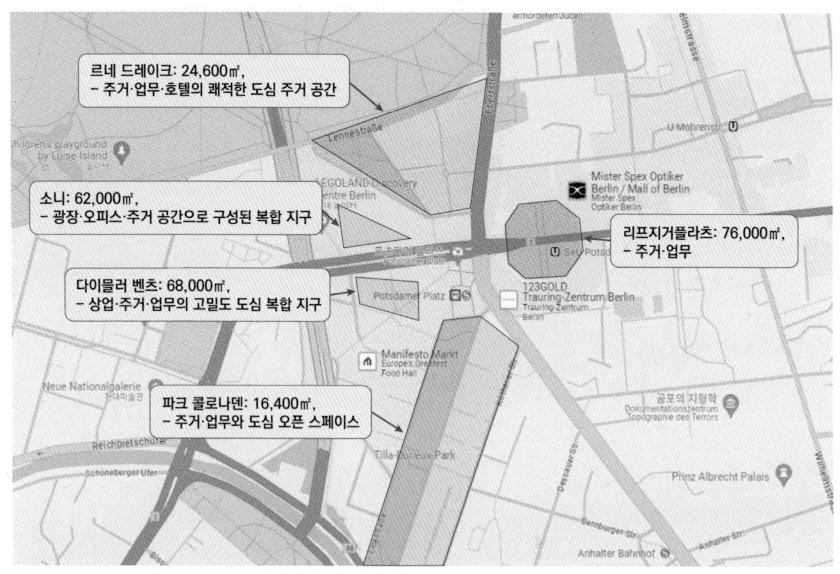

• 포츠다머 플라츠 재생 사업 구역

▣ 베를린 부활의 상징

- 제2차 세계대전 이후 폐허가 된 베를린 재생의 대표적인 프로젝트
- 일본 소니 사가 2000년 소니 센터를 개장했으며, 모두 7동의 건물로 비즈니스 사무실과 영화 박물관, 영화관 등이 있음
- 대형 브랜드뿐 아니라 다양한 유럽 내의 중·소기업들이 위치해 있으며, 거대한 상업 지구로서 변신에 성공함

▣ 포츠다머 플라츠 및 소니 센터 디자인

- 포츠다머 플라츠의 랜드마크는 유리 돔으로서, 미국 건축가 헬무트 얀(Helmut Jahn)이 건설했으며, 각 건물을 연결하는 통로와 외관을 투명 유리로 하여 정교한 빛의 반사와 굴절이 특징
- 지붕 구조는 높이 67m, 광선 투과율 50%, 전체 면적 5,250m²를 자랑
- 유리 광장은 야간에 시시각각 조명이 바뀌며 이는 파리 조명 예술가 얀 거셀

이 만들었고 조명은 21초에 한 번씩 변함

▣ 기타 부대시설

- 호텔: 그랜드 하야트 베를린(342개의 방과 16개의 스위트룸), 더 만달라(169개의 스위트룸)
- 영화관 X-Kino: 3,500개의 자리 및 19개의 상영관
- 뮤지컬 극장: 1,800개의 좌석
- 카지노: 면적 1만 1,000m^2
- 블루맥스 극장: 600개의 좌석
- 파노라마 푸크 전망대
- 쇼핑 센터: 3개 층, 4만m^2, 130개 이상의 숍

4. 지구 재생의 특징과 효과

▣ 교통의 요지를 복합 상업 지구로

- 과거 교통의 요지였던 포츠다머 플라츠의 재개발은 단순 교통의 메카가 아닌, 다양한 사람들이 찾을 수 있는 복합 상업 및 문화 시설로서, 매일 10만 명의 사람들이 이용함
- 포츠다머 플라츠 자체뿐만 아니라 주변에 있는 다양한 역사·문화지구를 통하여 과거 베를린의 모습을 엿볼 수 있을 뿐 아니라 현대의 감각적인 건축물들을 볼 수 있음

• 포츠다머 플라츠 오피스 타운

• 포츠다머 플라츠 레고랜드

2. 비키니 베를린

의류 회사의 복합 단지 재생 - 쇼핑몰, 호텔 및 오피스

1. 프로젝트 개요

▣ Bikini Berlin. 베를린 동물원 근처에 지어진 복합 쇼핑몰로, 리모델링 이전에는 패션회사들이 입주함

▣ 파울 슈베베스((Paul Schwebes)와 한스 쇼츠베르거(Hans Schoszberger)는 '자유'라는 콘셉트로 건물을 디자인했으며, 탁 트이고 넓은 테라스가 인상적

▣ 쇼핑몰, 음식점, 영화관, 오피스, 호텔(25Hours) 등의 시설, 국제영화제 개최

• 비키니 베를린 전경

구분	내용
위치	Budapester Str 38-50, 10787 Berlin, Germany
시행 면적	17,000m^2
설계	파울 슈베베스, 한스 쇼츠베르거
추진 일정	- 1957년 최초 개장 - 2014년 복합쇼핑 호텔 및 오피스 건물로 복합 재생
용도	주거, 사무, 상업 등의 복합 건물
특징	- 콘셉트 쇼핑몰을 운영하며, 일시적으로 팝업 스토어를 개최 - 7,000m^{2}의 옥상 테라스를 통하여 근처의 베를린 동물원을 조망 - 건물 두 동 사이로 동물원 쪽으로 빈 공간이 있어, 시민들이 '비키니 하우스' 라는 별명을 붙임

2. 개발 경과

▣ 1949년, 서베를린의 초대 시장 에른스트 로이터는 '베를린은 자유 그리고 경제적 복지의 창이 되어야 한다'라는 발언을 시작으로 서베를린의 도심 역할 구역 조성에 힘씀

▣ 당시 플랫폼이 네 개밖에 되지 않는 장거리 열차 통과역이었던 베를린동물원역에 새로운 건물들을 지어 동물원과의 협업과 도심지 개발이라는 '동물원 인근의 도심지' 프로젝트에 착수

▣ '동물원 인근의 도심지' 프로젝트의 가장 큰 중추였던 비키니하우스에 베를린 중구 슈피텔마르크트에 소재하고 있던 여성용 상의 제조업체들의 공장과 사업장을 이전시킴

3. 개발 내용

▣ 동물원과의 콜라보

- 비키니 하우스의 가장 상단에 위치한 테라스에서 베를린 동물원을 조망할

수 있는 시설이 갖추어져 있음

- 당시 큰 중장거리용 역사였던 베를린동물원역에 거대한 상업 지구를 설립함으로써, 다양한 사람들의 유동성을 확보함
- 비키니 하우스 내부에는, '원숭이 절벽'이라 불리는 베를린 동물원의 원숭이 구역을 조망할 수 있는 바(Bar)가 마련되어 있음

• 동물원과 인접한 비키니 하우스

4. 지구 재생의 특징과 효과

▣ 자유

- 비키니 하우스는 '자유'라는 콘셉트로 지어진 건물로서, 2동의 건물이 떨어져 있어, 마치 비키니를 연상시킨다고 하여 '비키니 하우스'라는 별칭이 붙었음. 다만 1977년부터 예술 작품이 빈 공간을 대체함

▣ 세계 최초의 콘셉트 쇼핑몰

- 비키니 하우스 내부에 작은 정육면체로 만들어진 '팝업 스토어'의 본거지가 있어 유명 브랜드의 신제품을 출시할 수 있는 기회를 주고, 동시에 젊은 디자이너들이 자신의 작품을 공개할 수 있게 만듦

• 비키니 베를린 내 팝업 스토어

• 비키니 베를린 내부

3. 쿨투어 포룸

박물관, 미술관, 콘서트 문화 예술 포럼 단지

1. 프로젝트 개요

▣ Kultur Forum. 베를린에 위치해 있으며 1950~1960년에 걸쳐 지어진 콘서트홀, 박물관, 미술관 등으로 구성된 문화 포럼

▣ 분단 시절 서독에 속했던 지역으로 지금의 란트베어 운하(Landvehrkanal)와 포츠다머 플라츠 사이에 위치함

▣ 1985년 서독 정부는 티어가르텐 지역 가장자리에 문화 지구를 조성하기로 결정하고 베를린 필하모니 콘서트홀 건축을 계기로 문화 조성 사업을 본격화함

• 쿨투어 포룸 전경

구분	내용
위치	10785, Berlin, Germany
용도	박물관, 미술관, 콘서트홀 등 문화 생활 단지
특징	- 총 12개의 문화 센터로 구성됨 - 서독 정부가 동독과의 문화 격차를 줄이기 위해 조성함 - 게말데갈레리에라 불리는 회화 미술관은 렘브란트, 루벤스 등 거장의 작품을 상당히 많이 소장하고 있으며, 신국립미술관은 피카소, 앤디 워홀과 같은 현대미술 작품이 다양하게 포진됨

2. 개발 경과

▣ 1930년대까지 이 지역은 부르주아 주거 지역이었으며, 18세기 베를린시 귀족들의 여름 휴양지로 사용됨

▣ 1945년 제2차 세계대전의 종전과 함께 서독 정부는 문화 단지의 필요성을 느끼고 도시계획을 준비함

▣ 1957~1958년 '하우프트슈타트 베를린(Hauptstadt Berlin)'이라는 대회가 개최되었으며, 티어가르텐 지역의 서쪽 지역은 문화 시설을 위한 외교 지역으로 지정됨

▣ 1965년 베를린주에서 필하모니의 체임버 뮤직홀 초안에 대한 계약을 체결함

▣ 2005~2006년 쿨투어 포룸을 위한 새로운 마스터 플랜이 창안됨

3. 개발 내용

▣ 대표 문화 지구

- 총 12개의 콘서트홀, 미술관, 박물관 등 문화 인프라 구축
- 쿨 투어 포룸 메인 박물관은 총 4개로 구성

① 게말데갈레리에(Gemaldegalerie)(Painting Gallery, 회화 미술관)

② 쿤스트비블리오테크(Kunstbibliothek)(Art Library, 문화예술 도서관)
③ 쿤스트레베르베 무제움((Kunstgewerbe Museum)(Museum of Decorative Arts, 장식예술박물관)
④ 쿱페르슈티히카비 넷(Kupferstichkabi Nett)(Museum of Graphic Arts, 인쇄 및 도면 박물관)
- 각 시대 및 박물관의 콘셉트에 따라 다양한 작품들을 소장하고 있으며, 대표적인 거장들은 렘브란트, 피카소. 중세시대부터 현대 예술품까지 전시하고 있음
- 미술품뿐만 아니라 악기, 외국 문화 박물관 등이 있으며, 베를린 필 하모니 콘서트홀이 있음

4. 게말데갈레리에(국립 회화 미술관)

- Gemaldegalerie. 유럽 회화 걸작들을 감상할 수 있는 미술관으로 1830년에 처음 개관했으며 현재 건물은 힐머 앤드 자틀러(Hilmer&Sattler)의 설계로 1998년에 완공되어 13세기부터 18세기까지의 유럽 회화 작품들을 중심으로 다양한 소장품을 보유하고 있음
- 약 1,200점의 작품을 소장하고 있는 게말데갈리에의 주요 소장 작품으로는 알브레히트 뒤러(Albrecht Dürer)의 〈장미 화관을 쓴 자화상(Self-Portrait with a Band of Flowers)〉, 티치아노(Tiziano Vecellio)의 〈베니스의 여인(Woman from Venice)〉, 요하네스 베르메르(Johannes Vermeer)의 〈진주 귀고리를 한 소녀(Girl with a Pearl Earring)〉 등이 있음

• 렘브란트, 〈어리석은 부자의 비유〉(1627), 렘브란트

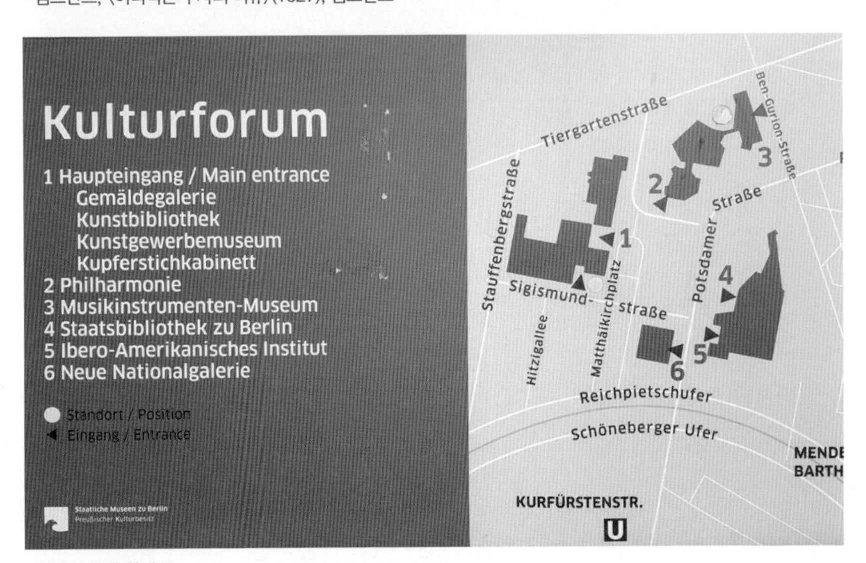

• 쿨투어 포룸 안내도

• 쿨투어 포룸 지도

출처: 구글 어스

4. 베를린 필하모니

베를린 필하모니 관현악단의 콘서트홀

1. 프로젝트 개요

- ▣ Berlin Philharmonie. 베를린 문화 지구에 속해 있으며 베를린 필하모니 관현악단의 상주 콘서트홀
- ▣ 브레멘 출신의 건축가 한스 샤룬(Hans Scharoun)이 1960~1963년에 걸쳐 건축함
- ▣ 비대칭으로 솟아오른 지붕의 모습이 서커스단의 텐트를 연상시키며, 5각형 모양으로 지어짐
- ▣ 객석은 모두 2,240석으로 어느 자리에서든 무대가 잘 보이고 소리가 잘 전달되도록 설계됨

• 베를린 필하모니 전경

구분	내용
위치	Herbert-von-Karajan-Straße 1, 10785 Berlin, Germany
설계	한스 샤룬
추진 일정	1960~1963년
용도	베를린 시내의 문화 단지 내 콘서트홀
특징	- 2,240석의 결코 적지 않은 좌석이 있으나 무대와 객석의 최대 거리는 30m 남짓으로, 어디서든 무대가 잘 보이게 설계됨 - V자형 콘크리트 기둥이 객석을 떠받치면서 발코니를 이루고 있으며, 무대를 건물 중앙에 배치한 '구두 상자' 모양의 장방형은 당시 혁명적인 무대 디자인

2. 개발 경과

- ▣ 주요 공연장은 창단인 1940년대까지 있던 스케이트장을 개축해 만들었던 건물
- ▣ 베를린 시민들이 철도 애호가인 작곡가 파울 힌데미트의 이름을 따 '힌데미트역(Bahnhof Hidemith)'이라는 애칭으로 부름
- ▣ 1944년 1월 연합군의 폭격으로 파괴되었으며, 필하모니의 부속 건물이었던, 베토벤잘, 레뷰나 오페레타 등에서 임시 공연이 진행됨
- ▣ 1963년, 한스 샤룬의 설계로 재건축된 필하모니는 텐트 모양의 독특한 디자인으로 '카라얀 서커스(Zirkus Karajani)'라 불림
- ▣ 2008년 5월 20일 화재로 지붕의 일부가 소실되었으나, 보수 공사 후 같은 해 6월 2일 재개장함

3. 베를린 관현악단

▣ 베를린 필하모니 관현악단

- 2002년 이전 공식 명칭은 베를린 필하모니 관현악단이었으나 현재는 베를리너 필하모니커로 불림
- 독일의 대표적인 관현악단으로 독일 국내뿐 아니라 전 세계 클래식 관현악단 중 최상급으로 평가됨
- 1878년 리그니츠 시립 관현악단 출신 지휘자 벤야민 빌제가 '빌제 관현악단'을 창단해 활동하기 시작
- 1882년 악단 내부의 심각한 분열로 인하여, 탈퇴한 단원들이 새로운 악단을 결성했으며, 이것이 현재의 베를린 필하모니 관혁악단의 시초
- 1947년 종전 이후 연합군에 의해 연주 활동이 해금된 후 다양한 공연을 했으며, 1954년 최초로 미국 공연에 성공

지휘자	재임 기간
루트비히 폰 브레너(Ludwig von Brenner)	1882~1887년
한스 폰 뷜로(Hans von Bülow)	1887~1894년
아르투어 니키슈(Arthur Nikisch)	1895~1922년
빌헬름 푸르트벵글러(Wilhelm Furtwängler)	1922~1945년
레오 보르하르트(Leo Borchard)	1945년 5~8월
빌헬름 푸르트벵글러(Wilhelm Furtwängler)	1952~1954년
헤르베르트 폰 카라얀(Herbert von Karajan)	1954~1989년
클라우디오 아바도(Claudio Abbado)	1989~2002년
사이먼 래틀 경(Sir Simon Rattle)	2002~2018년
키릴 페트렌코(Kirill Petrenko)	2019년~현재

• 베를린 필하모니 콘서트홀 내부

• 베를린 필하모니 실내 콘서트홀 무대

5. 유로파시티

통일 이후 독일 북부 지역의 대규모 재개발 사례

1. 프로젝트 개요

- ▣ Europacity. 베를린 중앙역을 중심으로 한 대규모 복합개발 프로젝트로 오피스, 쇼핑, 주거, 호텔, 문화 복합 단지로서 2025년 완공을 목표로 함
- ▣ 독일 통일 이후 베를린 남부 지방을 중심으로 개발되었으나, 북쪽 지역에 대규모 개발 사례로 의미가 큼
- ▣ 국제적 기업들의 거점 중심지로 애플, 구글, 마이크로소프트 등 다양한 국제 기업들이 있음
- ▣ 공공 구역이 전체 부지의 50% 이상을 차지하고 있음

• 유로파 시티 전경 출처: caimmo.com

구분	내용
위치	Europacity, Berlin, Germany
시행 면적	193,900m^2
주관	CA IMMO, Deutsche Bahn, 베를린시 정부
추진 일정	2001~2025년
용도	베를린 중앙역 기반 복합 단지
특징	- 2006년에 개관한 베를린 중앙역을 중심으로 설계됨 - 기차역의 북쪽에 위치하며, 노르 하펜, 페리베르거 등 운하 운행로와 접합함 - 스프리강을 경계로 하며, 초기 초점은 사무실 공간과 호텔

2. 개발 내용

▣ 베를린 북부 대규모 프로젝트
- 베를린 중앙역을 중심으로 하는 도심 개발 프로젝트
- 75만m^2 이상의 사무실, 호텔 및 주거 공간 설치 계획
- 상업 및 산업 단지로서 다양한 국적의 벤처 기업과 다국적 기업들이 거주

▣ 버섯 콘셉트
- 남북 방향의 미연결 철도 구간을 새롭게 건설하여 기존의 동서 방향 철도 노선과 교차시키는 절충안이 버섯 형상을 띠어서 '버섯 콘셉트(Pilzknozept)'라 불림
- 베를린 중앙역을 주변으로 다양한 철도 네트워크를 견고히 할 목적
- 분단되었던 베를린시의 통합된 도시 구조 재건을 목표로 함

▣ CA Immo는 독일 철도 회사인 도이체 반(Deutsche Bahn)의 토지 보유를 관리하기 위해 설립된 비비코 리얼 에스테이트(Vivico Real Estate)의 토지를 2007년 12억 달러에 구입

▣ 개발자의 초기 초점은 사무실 공간과 호텔이었으며 자전거 도로와 이 지역을 가로지르는 운하를 따라 걷는 산책로를 포함해 공공 구역이 50% 이상임

▣ 현재 오피스 위주 건설 중으로 향후 2,500세대 이상의 주거 공간을 건설할 계획임

1) 중앙역 앞(Am Hauptbahnhof)

- 황무지였던 중앙역 앞에 에너지 회사인 투어 토탈(Tour Total), KPMG 및 혁신적인 다목적 오피스 건물인 정사각형의 큐브 베를린(Cube Berlin) 등 현대적 디자인 건물이 들어섬

• 중앙역 앞 출처: europacity-berlin.de

2) 예술 캠퍼스(Bürogebäude am Kunstcampus)

- 2019년 완공됨. 현대 미술관 '함부르거 반호프(HamburgerBahnhof)'의 북쪽에는 기존의 갤러리와 스튜디오 등 많은 문화적 기업들이 사무실을 임대하고 있으며 스튜디오 아파트가 공급되며 다양한 전시회 및 예술 박람회가 개최되고 있음

출처: kunstcampus.de

3) 남부 서쪽 대로(Boulevard Süd-West)

- 중앙의 하이데슈트라세(Heidestraße)를 따라 기존의 빌딩 블록이 계획된 블록 구조에 통합 이 지역에서 50~80%까지 사무실과 서비스 20~50%의 주거 계획

4) 도시 항구 근처(Am Stadthafen)

- 새로운 수역은 슈타트하펜(Stadthafen, 도시 항구)이라고 불리며 주로 주거용 개발

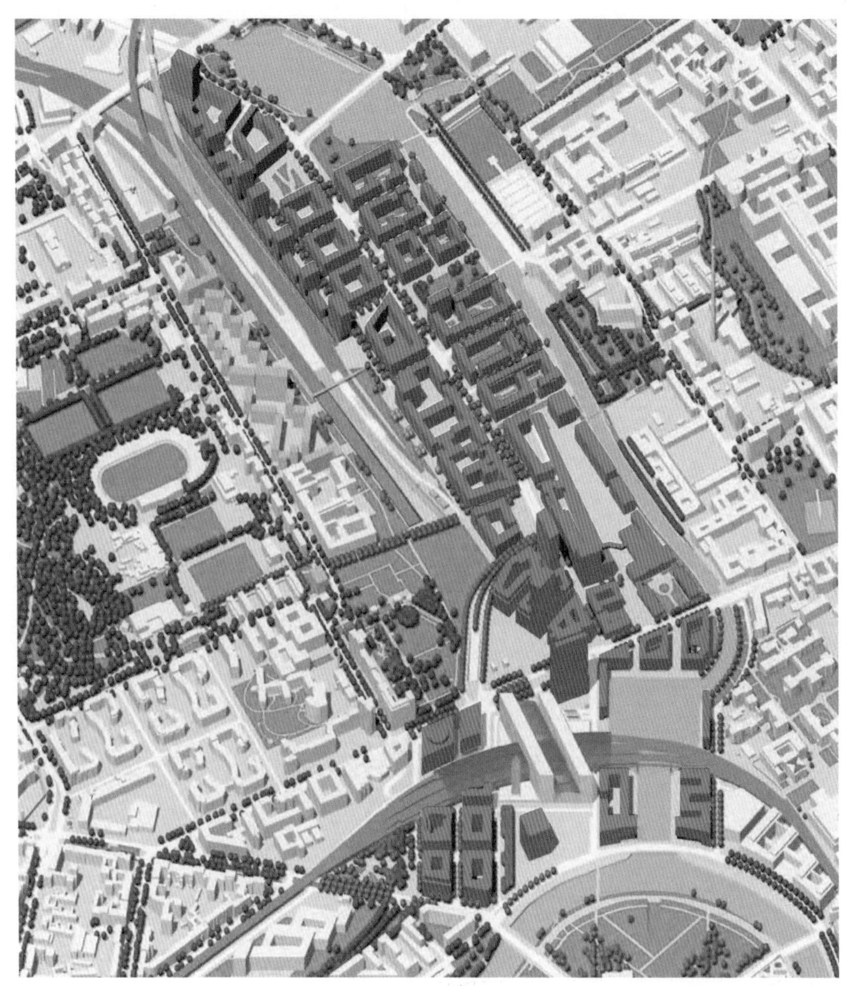

• 유로파시티 개발 조감도 출처: europacity-berlin.de

5) 불레바르 베스트(Boulevard West)

- 하이데슈트라세(Heidestraße)와 여전히 작동하는 철도 트랙 사이의 지역은 '불레바르 베스트'라고 불리며, 거리를 향한 블록 구조와 새로운 개발로 인한 철도 소음을 차단하는 슬래브 건물로 거주 및 사무실 사용

6) 북쪽 항구 근처(Nordhafen)

- 새로운 개발 지역의 가장 북쪽 부분은 역사적인 노르하펜(북쪽 항구)에 인접해서 새로운 대도시 철도 정류장을 제공해 타 도시와 연결이 쉽게 함

3. 주요 건물

1) 투어 토탈(Tour Total) - 오피스 건물, 1만 8,000m², 16층, 2012년 완공, 친환경

• 투어 토탈 전경*

2) 모넷4(Monnet 4) - 오피스, 9,940m^2, 2015년 완공

• 모넷 4 전경

출처: www.caimmo.com

3) KPMG 빌딩 - 오피스, 1만 4,300m^2, 2017년 완공

• KPMG 빌딩 전경

출처: www.caimmo.com

4) 존 F. 케네디 하우스(John F. Kennedy House) - 오피스, 1만 8,100m^2, 2015년 완공

• 존 F. 케네디 하우스 전경 출처: www.caimmo.com

5) 큐브 베를린(Cube Berlin) - 오피스, 1만 7,000m^2, 10층, 2019년 완공

• 큐브 베를린 출처: www.caimmo.com

6. 박물관 섬

주거 지역 섬을 미술관과 박물관으로

1. 프로젝트 개요

▣ Museumsinsel. 베를린의 중심을 흐르는 슈프레강에 위치한 섬의 북쪽으로 섬의 남쪽은 어부의 섬(Fischerinsel)이라 불림

▣ 섬의 북쪽에 세계적으로 이름난 박물관들이 자리를 잡고 있기 때문이고, 1918년 프로이센 문화유산이 위탁되면서 대중에게 공개됨

▣ 냉전 당시 베를린이 동·서로 나뉘면서 프로이센 왕가의 소장품들 역시 나뉘었으나, 통일 이후 연합군에 의해 수탈된 것을 제외하고는 다시 베를린으로 돌아옴

구분	내용
위치	Schloßpl 1, 10178 Berlin, Germany
시행 면적	8.6ha
관계	- 러시아 문화 유산 재단(Prussian Cultural Heritage Foundation) - 베를린시
추진 일정	2003~2015년
용도	과거 프로이센 왕가의 박물관을 리모델링한 문화유적지
특징	- 노이에스 박물관은 소비에트 연방군의 공방전 당시 폭격으로 무너져 한때 알테스 박물관에 전시했음 - 1999년 유네스코에 의해 세계유산에 등록됨 - 박물관 섬은 기존에는 주거 지역으로 활용되었었음 - 프리드리히 빌헬름 4세가 '예술과 과학'에 많은 관심을 가져 다양한 소장품들을 보관함

2. 개발 경과

▣ 1824년 빌헬름 폰 훔볼트(Willhelm von Humboldt)의 책임하에 박물관 조성이 시작됨
▣ 1824년부터 1930년까지 약 100여 년에 걸쳐 구 박물관, 왕립 프로이센 박물관, 구 국립 미술관 등 건축물들이 건축됨
▣ 제2차 세계대전 당시 많은 박물관들이 폭격으로 무너져내림
▣ 21세기 초반 재건축에 대한 마스터 플랜이 시행되고, 2003년부터 각각의 박물관들이 리모델링 및 복구 작업에 들어감
▣ 훔볼트 포룸의 복구를 마지막으로 2019년 완성함

3. 개발 내용

▣ 예술과 과학
- 프리드리히 빌헬름 4세의 관심도에 따라 한 지역에 왕가의 보물 및 유물, 다양한 전시물들을 모으고 관리하기 시작
- 주거 지역이었으나 다양한 박물관들이 건립되기 시작하면서 '박물관 섬'이라 불림
- 현재도 구 박물관의 외관을 최대한 살리고 현대의 감각 또한 놓치지 않는 개보수 형태를 보이고 있음

▣ 다양한 박물관
- 구 박물관(Altes Museum)은 1830년 최초 완공되었으며, 1841년 이름이 변경되었음
- 신 박물관(Neus Museum)은 1859년에 완성되었고, 제2차 세계대전 당시 파괴되었으나, 베를린 이집트 박물관의 데이비드 치퍼필드(David Chipperfield)에 의해 재건되어 2009년 재개관함

- 구 국립 미술관(Alte Nationalgalerie)은 바그너(Wagner)가 기증한 19세기 미술 컬렉션이 중심임
- 1904년 개관한 보데(Bode) 박물관은 섬의 북쪽 끝에 위치해 있으며 조각 컬렉션과 골동품 및 비잔틴 미술품이 중심
- 페르가몬 박물관은 1930년 완공되었으며 페르가몬 제단과 바빌론의 이스타 문과 같이 거대하고 역사적으로 중요한 건물이 재건축됨
- 베를린 왕궁에 건설된 훔볼트 포룸(Humboldt Forum)은 2019년 완공되었으며, 아시아 예술 박물관과 민족학 박물관의 합작임

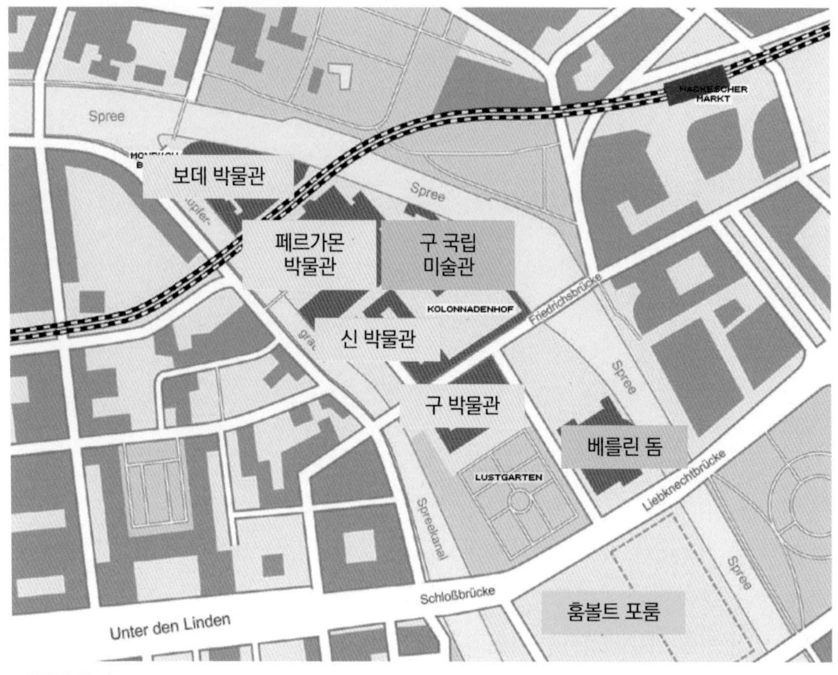

• 박물관 섬 지도

출처: museumsinselberlin.net 재인용

• 박물관 섬

4. 주요 박물관

1) 제임스 시몬 갤러리

▣ James Simon Gallery. 베를린의 중요한 문화유산을 보존하고 있는 건축물로 영국 건축가 데이비드 치퍼필드가 설계하여 2019년 개관했으며 귀중한 고대 유물을 기증한 독일의 자선가 제임스 시몬(James Simon, 1851~1932)의 이름을 따서 명명되었음

▣ 박물관 섬의 기존 건축물들과 조화를 이루는 현대적인 디자인이 인상적인 제임스 시몬 갤러리의 건축 디자인은 아케이드(arcade) 형식의 기둥 구조로 웅장함을 더했으며 투명한 유리와 밝은 색상의 석재로 자연광을 최대로 활용하며 개방감을 주는 현대적이고 깔끔한 디자인이 특징임

▣ 박물관 섬의 공식 입구 역할을 하며 방문객들을 맞이하는 지상으로는 페르가몬 박물관(Pergamon Museum)과 신 박물관(Neues Museum)으로 연결되고 지하에서는 신 박물관(Neues Museum), 구박물관(Altes Museum) 및 보데 박물관(Bode Museum)과도 상호 연결하는 등 모든 방문객들을 위한 만남의 장소로도 중심 역할을 하고 있음

• 제임스 시몬 갤러리 입구 출처: https://davidchipperfield.com

2) 구 박물관

- Altes Museum. 프로이센 최초의 공공 박물관으로 1830년 건축가 카를 프리드리히 슁켈(Karl Friedrich Schinkel)이 설계함
- 현관 스타일의 정면은 18개의 이오니아 기둥으로 구성되어 있으며, 그 뒤에는 로마의 판테온을 모델로 한 원형 기둥이 있으며. 고대 그리스 및 로마 유물 컬렉션, 그림 갤러리, 판화 및 드로잉 등이 전시됨

• 구 박물관

3) 신 박물관

- Neues Museum. 건축가 프리드리히 아우구스트 쉴러(Friedrich August Schüler)가 계획하여 1859년 완성했으며 제2차 세계대전 당시 파괴된 것을 데이비드 치퍼필드가 10년 재설계 끝에 2009년에 재개장함
- 현재 신 박물관은 이집트 박물관 및 파피루스 컬렉션, 선사시대 및 초기 역사 컬렉션을 중심으로 다양한 고대 문명과 예술품을 전시하고 있으며 대표적인 전시품으로는 고대 이집트 여왕 네페르티티의 흉상, 하인리히 슐리만(Heinrich Schliemann)이 발굴한 트로이 유물 등이 있음

• 신 박물관 전경*

4) 구 국립 미술관

- Alte Nationalgalerie. 1861년 베를린 은행가 요아힘 바그너가 262점의 그림 컬렉션을 기증했고 프리드리히 아우구스트 쉴러가 설계하여 1876년 개관함
- 18세기 후반부터 20세기 초까지의 그림과 조각품을 소장한 박물관으로 카스파르 다비드 프리드리히의 〈바다의 수도사〉, 오귀스트 로댕의 〈생각하는 사람〉 등 고전주의, 낭만주의 및 인상주의 화가 작품 등을 소장함

• 구 국립 미술관 전경

5) 보데 박물관

- Bode Museum. 1904년 개관한 박물관으로 카이저 프리드리히 박물관(Kaiser Friedrich Museum)이라 불림. 2005년 재생, 복원되었고 도나 텔로, 베르니니, 카노바의 작품을 포함하여 중세부터 19세기까지의 독특한 조각 컬렉션을 소장함

• 보데 박물관 전경*

6) 페르가몬 박물관

- Pergamon Museum. 1930년에 지어졌으며 고대 그리스 문명의 걸작인 페르가몬 재단(pergamon altar)과 메소포타미아 문명의 상징적인 유물인 바빌론의 이시타르 게이트(Ishtar Gate)와 같이 역사적으로 그리스, 로마, 이슬람 문화와 관련된 중요한 고대 문명의 유물들을 소장함

• 페르가몬 박물관 전경*

7) 훔볼트 포룸

- 학습 환경을 형성하는 독특한 앙상블
- 2019년 완공되어 베를린 민족학 박물관과 아시아 예술 박물관을 통합할 예정으로 고대 프러시아 예술의 보존 기관
- 베를린 궁전에 위치하고 있으며 16세기 중반에 최초 설립됨

• 훔볼트 포룸 전경

8) 베를린 돔

- Berliner Dom. 베를린의 역사와 건축적 아름다움을 대표하는 랜드마크 중 하나로 1747년에 프리드리히 대왕(Friedrich der Große)의 명령으로 바로크 양식의 대성당이 건축됨
- 거대한 돔과 4개의 작은 돔으로 구성되었으며 외관은 화려한 장식과 조각들로 장식되어 있으며 높이는 약 98m에 달함
- 오늘날 베를린 돔은 종교적 행사뿐만 아니라 음악회, 문화 행사 등 다양한 용도로 사용되고 있음

• 베를린 돔

7. 훔볼트 포룸

특정 계층이 아닌 모두를 위해 열린 문화 및 박물관 프로젝트

1. 프로젝트 개요

▣ Humboldt Forum. 베를린의 대규모 문화 및 박물관 프로젝트로, 박물관 섬에 위치한 베를린 궁전에 위치함

▣ 2021년에 개관했으며 과학과 인문학에서 큰 업적을 남긴 독일의 학자 알렉산데르 폰 훔볼트(Alexander von Humboldt)와 빌헬름 폰 훔볼트(Wilhelm von Humboldt) 형제를 기리기 위해 명명되었음

▣ '세계·도시·베를린'을 주제로 한 다양한 전시회, 연극, 영화, 독서, 회담, 댄스 등의 이벤트를 제공함

▣ 공공 장소로 연중 무휴로 개장되며, 프로젝트의 예산 비용 중 81%는 연방정부가, 5%는 베를린 주정부가, 나머지는 기부금으로 운영됨

▣ 이전 베를린 민족학 박물관과 아시아 미술관을 통합하여 민족학 컬렉션과 아시아 미술 컬렉션을 모두 관람할 수 있으며 베를린의 역사에 대한 전시를 포함한 다양한 문화적 지식을 제공함

• 훔볼트 포룸 전경

구분	내용
위치	Schloßpl 1, 10178 Berlin, Germany
시행 면적	55,000m^2
주관	베를린 시 정부
추진 일정	2013~2021년
용도	베를린 왕궁 복원 및 박물관
특징	- 독일 정부의 왕궁 문화재 복원 사업 - 평화주의자 카를 리브크네히트(Karl Liebknecht)가 발코니에 서서 '자유 사회주의 공화국'을 선언한 1848년 3월 혁명이 발생한 장소 - 제2차 세계대전 당시 폭격으로 심하게 손상되었음에도 불구하고, 붕괴 위험은 없었으나, 동독 정부가 궁전 파괴를 결정함

2. 개발 경과

▣ 2002년 독일 의회는 슈타트슐로스(Stadtcshloss, City Palace)라 불리는 베를린 왕궁을 3개의 역사적인 외관과 호헨촐레른(Hohenzollern) 궁전 전체 크기의 내부 안뜰을 지닌 복제품으로 재건하기로 결정했으며 2013년 훔볼트 포룸을 수용할 새로운 건물을 계획함

▣ 기존에 세워져 있던 문화센터는 2008년 '석면 등 위험도가 높은 환경물질'을 이유로 철거됨

▣ 외관의 복원에만 집중한 것이 아니라 19세기 초반 훔볼트 형제가 추구했던 민주적이고 이상적인 공간 건설을 목표로 함

▣ 베를린 궁전의 역사

- 15세기에는 모든 시위에도 불구하고 귀족들이 요새화된 성을 세움
- 16세기에 성은 철거되어 슈타트슐로스로 알려진 궁전으로 대체함
- 카이저 빌헬름 2세(Kaiser Wilhelm II)가 베를린 시민들에게 전쟁에 나설 것을 촉구하자 카를 리프크네히트가 발코니에 서서 '자유 사회주의 공화국'을 선언한 1848년 3월 혁명의 발생 장소임
- 궁전의 팔라스트 데어 레푸블리크(Palast der Republik)는 동독 의회의 좌석 및 극장, 대중 음식점 및 볼링장을 가진 문화 센터로 건축되었으며 통일 후 석면이 발견되어 철거함

▣ 건축가 프랑코 스텔라(Franco Stella)는 궁전을 재건하고 바로크 양식의 외관을 재건하도록 위임받았으며 2021년 7월에 개장함

3. 개발 내용

▣ 과거와 현재가 공존하는 복원 현장

- 공청회 과정에서 과거 기술과 자재 사용에 대한 주장이 나왔으나, 최대한 고

증을 거치되 21세기에 맞는 방식으로 복원이 결정됨

- 바로크 양식으로 남서쪽 및 북쪽 측면, 3개 파사드와 돔을 복원
- 북서쪽은 현대적인 디자인의 건물을 배치하고 중앙 통로를 설치해 시민들이 편하게 쉴 수 있는 환경 제공
- 3D 카메라와 3D 스캐너를 이용해 사진 자료와 구조물 조각을 토대로 원형에 가깝게 표현한 것이 특징

▣ 부지 사용 용도 비율

- 지하 1층, 지상4층, 총 면적 5만 5,000m²(지상 4층에 루프탑)
- 2만 4,000m²를 차지하는 전시 공간에는 아시아 박물관, 훔볼트 대학 소장품, 시립박물관 수집품 등이 전시

4. 박물관의 의미와 기능

▣ 과거 왕궁의 우아함과 현대의 감각적 디자인

- 베를린 왕궁의 과거 모습을 최대한 반영하여 복구함과 동시에 문화적 아카이브 및 시민들을 위한 시설에서 현대적 디자인을 추구함
- 과거 계급 사회의 상징이었던 왕궁을 누구나 볼 수 있게 개방함으로써 새로운 평등과 평화의 시대를 나타냄

▣ 문화의 중심지

- 단순한 베를린 중심지가 아닌 세계 문화의 중심지로 전환하겠다는 목표
- 베를린만의 중요한 문화적 가치가 아니라 세계적 문화 유산들로 구성된 박물관 섬의 구성으로 세계 문화 발전의 허브 역할을 담당함

8. 문화 양조장

폐업한 맥주 공장을 문화·상업시설로

1. 프로젝트 개요

▣ Kultur Brauerei. 옛 동베를린 지역인 플렌츠라우어베르크(Plenzlauerberg)에 위치한 문화 양조장은 한때 최대 규모의 맥주 공장이 영화관, 클럽, 박물관, 레스토랑 등의 문화 상업 공간으로 재생된 사례

▣ 독일어로 쿨투어(Kultur)는 문화, 브라우어라이(Brauerei)는 술을 빚는 양조장을 뜻함

▣ 폐업한 맥주 공장을 베를린시와 정치권에서 문화 창출 공간으로 활용되기를 원해 신탁회사 관리 방안을 채택함

▣ 1900년대 초반까지 동베를린에서 가장 유명하고 큰 맥주 양조장이었음

• 문화 양조장 전경

구분	내용
위치	Schönhauser Allee 36, 10435 Berlin, Germany
시행 면적	- 25,000m²(건물 부지) - 40,000m²(대지 부지)
주관	TLG(Treuhand Liegenschafts Gesellschaft)
추진 일정	1998~2001년
용도	옛 양조장을 문화 상업 복합 지구로 재생한 프로젝트
특징	- 젊은 세대가 선호하는 영화관, 음악 공연장 및 클럽, 야외 카페 등의 주요 기능을 함께 입지시킴으로써, 젊은 세대의 유입 증가 - 4개의 광장은 외부인들에게 임대를 해 일요일에는 푸드트럭 운영과 공휴일에는 축제에 맞는 행사장 공간으로 활용 - 상업 공간 입주 활성화를 위하여 월 임대료 약 1,200~3,000유로로 다른 곳에 비해 저렴하게 받음

2. 개발 경과

▣ 1824년 약사이면서 화학자인 프렐(Prell)이 설립한 작은 양조장에서 출발. 1853년 욥스트 슐테이스(Jobst Schultheiss)가 자신의 이름을 딴 맥주를 이곳에서 생산함

▣ 1871년부터 1900년대 초반까지 건물을 지속적으로 증축할 정도로 거대한 맥주 양조장으로 유명해짐

▣ 제2차 세계대전 이후, 소련의 동베를린 점령으로 인해 소련군 소속으로 바뀌었다가, 다시 동독 정부로 소유권이 이전되었으나, 설비 투자 미비와 경영 악화로 1962년 폐업 선언

▣ 1970년대 폐업한 양조장을 댄스홀, 카페 창고 등으로 사용했으나 거의 방치 상태에 가까웠고, 동독 정부는 양조장의 가치를 인정하고 1977년 맥주 공장 일대를 문화유산 보호 구역으로 지정

▣ 쿨투어브라우어라이 주식회사가 설립되고 1998년부터 2000년까지 3년간 50만 덴마크화를 투입해 2001년 현재의 문화 양조장 모습이 탄생함

3. 개발 내용

▣ 문화 상업 지구

- 전체 면적 4만m² 중 7,000m² 정도가 문화예술 관련 공간으로 운영되고 있으며, 나머지는 상업, 사무실, 비즈니스 용도로 활용되고 있음
- 문화유산으로 지정된 건물 외벽은 리모델링할 수 없지만, 건물 내부 공간은 용도에 맞게 보수 가능
- 크고 작은 규모의 극장 8개, 박물관 1곳, 슈퍼마켓, 컴퓨터 회사, 콘서트홀, 댄스홀 등이 입주해 있음
- 정부의 민간 자본 유치 재개발 사례로 꼽히며, 정부는 소유권, 민간은 운영권을 가지고 있으며 현재는 TLG가 지원하고 운영함

• 음악 공연장 및 클럽

• 박물관 등 상업 시설

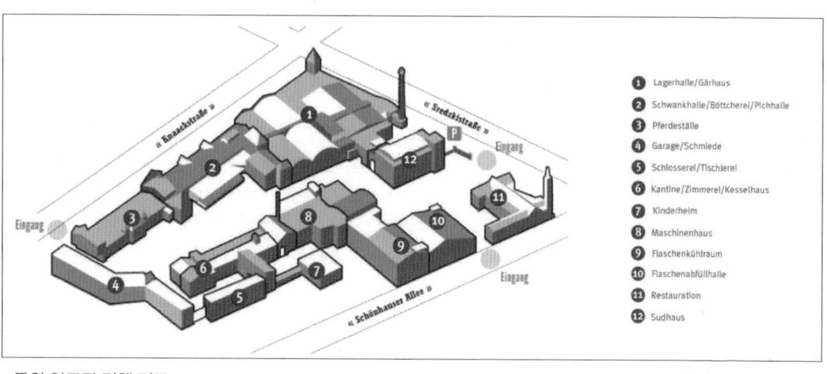

• 문화 양조장 전체 지도

출처: kulturbrauerei.de

9. 티어가르텐

도심 속의 거대한 녹색 공원

1. 프로젝트 개요

▣ Tiergarten. 뉴욕의 센트럴파크와 같이 베를린 심장부에 위치한 210만m^2의 거대한 공원

▣ 1844년 베를린동물원이 개장했으며, 수로와 호수, 마차길, 산책길을 조성

▣ 중심부에는 베를린 전승 기념탑이 건립되어 있으며, 남서쪽에는 베를린동물원, 동쪽에는 브란덴부르크 문이 있음

• 티어가르텐 전경

구분	내용
위치	Str des 17 Juni 31, 10785 Berlin, Germany
시행 면적	2,100,000m²(210ha)
주관	베를린 정부
용도	베를린 중심의 푸른 녹지 사업
특징	- 과거 브란덴부르크주 선제후의 사냥터로 사용되었음 - 25곳의 독일 도시와 11곳의 유럽 도시에서 수집한 약 90종류의 다양한 가스 랜턴이 있음 - 2010년 개장한 템펠호프 공항 공원 다음으로 큰 베를린 도심 공원으로, 우거진 숲이 포인트

2. 개발 경과

- ▣ 1572년 브란덴브루크 제후 요하임 2세의 사냥터로 조성되었지만, 1742년 프리드리히 2세가 건축가 크노벨스도르프(Knobelsdorff)에게 시민 공원을 조성하도록 지시함
- ▣ 1818년 정원사 페터 요제프 렌네가 배수 시설이 없던 수풀 지역에 16km의 운하, 수많은 수로와 호수, 승마 및 마차길, 산책길을 조성함
- ▣ 제2차 세계대전에 녹지의 98%가 손실되었으며, 독일 시민들이 전후 식량 문제를 해결하기 위하여 거대한 공터에 채소와 감자 농작을 시작함
- ▣ 1949년에 서베를린 시장이었던 에른스트 로이터(Ernst Reuter)가 티어가르텐 공터에 보리수 나무 한 그루를 식수함으로써 약 25만 그루의 나무를 기증받아 공원을 조성했음
- ▣ 1991년 5월, 정원기념물로 지정되어 기념물보호청에서 관할하고 있음
- ▣ 현재는 공공 기관이 존재하고 있으며, 독일의회 연방 정부 건물, 벨뷔 궁전 등이 있음

3. 개발 내용

▣ 폐허 위에 싹튼 녹색지구

- 제2차 세계대전 이후, 폐허였던 베를린의 거대한 녹지 사업의 일환
- 210만m²에 달하는 거대한 녹지가 조성되어 있으며, 누구에게나 열려 있는 공원으로 1년 365일 독일 시민들에게 다양한 환경을 제공함
- 주변에는 전승 기념탑, 동물원, 브란덴부르크 문 등 다양한 문화 및 역사적 장소가 있으며, 동시에 숲속 산책로에 조성된 가스 랜턴 길이 하나의 포인트임

4. 녹지 공원의 의미 및 효과

▣ 녹색 재생의 상징

- 98%의 녹지를 손실했던 제2차 세계대전 이후, 꾸준한 관리와 식수를 통하여 현재 베를린 중심부의 거대 녹지로서 재생을 상징함
- 분단 당시 서독 및 동독의 다양한 도시로부터 다양한 종의 나무를 기증받음

▣ 시민들의 쉽터

- 9만 평 규모의 바비큐장이 구비되어 있어, 시민들이 자유롭게 이용할 수 있음
- 날씨가 좋은 여름이면 티어가르텐 안에 있는 운하에서 카누를 타는 사람들, 일광욕을 즐기는 사람들, 맥주를 마시는 사람들로 가득함

10. 함부르거 반호프

기차역을 현대 미술관으로

1. 프로젝트 개요

▣ Hamburger Bahnhof. 베를린과 함부르크 구간의 종착역이었으며 현대 미술관으로 재생해 1996년 개관

▣ 교통·건축 박물관으로 사용되었으나 제2차 세계대전 때 파괴되면서 폐쇄했음

▣ 주요 전시물은 20세기 이후 제작된 현대 예술 작품

• 함부르그 반호프 전경

구분	내용
위치	Invalidenstraße 50-51, 10557 Berlin, Germany
시행 면적	10,000m²
설계	Kuehn Malvezzi
추진 일정	2004년 확장
용도	옛 종착지를 현대 미술관으로 리모델링
특징	- 앤디 워홀, 요셉 보이스의 작품이 상설 전시회 형태로 전시됨 - 신고전주의 양식으로 설계되었으며, 당시대로 남아 있는 도시의 유일한 기차역 - '베를린 여행'이라는 전시회를 통해 1987년 처음 박물관의 형태를 띠게 됨

2. 개발 경과

▣ 1846년 12월 베를린-함부르크 노선의 종착역으로 개관했으나 1884년 철도 교통량의 증가 속도에 뒤처져 폐쇄됨

▣ 향후 20년간 주거 및 관리 목적으로 사용되다 1904년 교통 및 건축 전시관으로 이용됨

▣ 1943년 제2차 세계대전 중 심각한 피해를 입고 수십 년간 방치됨

▣ 1984년 2월 함부르거 서베를린 행정부에 편입되어 750년 맞이 복원 사업이 시작됨

▣ 요제프 파울 클레이허스(Josef Paul Kleihues)가 재건을 시작한 뒤, 1996년 11월 2일 현대 미술 박물관으로 개관했으며, 2004년 박물관 확장

3. 개발 내용

▣ 현대 미술품

- 팝아트의 거장 앤디 워홀과 로버트 라우센버그(Robert Rauschenberg), 미니멀 아트 미술가 댄 플래빈(Dan Flavin) 등 다양한 현대 예술 작가들의 작품을 전시하고 있음
- 현재 현대 유럽과 북미 예술의 1,500개가 넘는 작품인 '프리드리히 크리스티안 플릭 컬렉션(Friedrich Christian Flick Collection, 2004)', '우르스 피셔(Urs Fisher)', '프리드리히 크리스티안 플릭 컬렉션 미니멀(Friedrich Christian Flick Collection Minimal, 2005)' 등이 있음
- 프리드리히 크리스티안 플릭 컬렉션을 수용하면서 전시 공간을 약 2배가량 늘려 현재 1만m²를 자랑함

• 함부르거 반호프의 과거 모습 출처: smb.museum – bpk

• 함부르거 반호프 내부

• 함부르거 반호프 내부 갤러리

11. 템펠호퍼 펠트

지속가능한 도시 개발의 대표적인 예

1. 프로젝트 개요

- ▣ Tempelhofer feld. 템펠호프 공항(Tempelhof Airport)은 독일 베를린의 역사적인 공항으로 1923년에 개항하여 당시 세계에서 가장 큰 공항으로 나치 독일 시대와 냉전 시대의 주요 공항로 사용되다가 2008년 폐항함. 이후 베를린에서 가장 큰 도시 재생 프로젝트 중 하나로 공항을 공공 공원으로 탈바꿈시켜 혁신적인 도시 재생의 대표적인 예가 되었음
- ▣ 공항 폐쇄 후 베를린 시민들은 템펠호프 공항을 대규모 공공 공원으로 전환할 것을 요구했고, 사유화하려는 시도가 있었으나 시민들의 반발로 무효화되었음. 2010년, 이곳은 템펠호퍼 펠트로 개방되어 베를린 시민들은 광활한 녹지와 활주로를 자유롭게 사용할 수 있게 되었음
- ▣ 355ha 부지로 시민들은 이곳에서 산책, 조깅, 자전거 타기, 피크닉, 카이트서핑 등을 즐기며 다양한 문화 행사와 페스티벌이 개최되고 있음
- ▣ 템펠호퍼 펠트를 지속가능하고 포용적인 공공 공간으로 유지하기 위한 계획이 지속적으로 논의되고 있으며 템펠호퍼 펠트는 베를린 시민들의 적극적인 참여로 과거와 현재가 조화롭게 어우러진 공간으로 지속가능한 도시 개발의 성공적인 모델로 인정받고 있음

• 템펠호퍼 펠트 활주로

12. 악셀 슈프링거 캄푸스

미디어와 기술 중심의 혁신적인 독일의 대표적 미디어 기업 본사

1. 악셀 슈프링거 캄푸스

▣ Axel Springer Campus. 세계적인 미디어 기업 악셀 슈프링거(Axel Springer)의 본사와 여러 부속 건물들로 구성되어 있는 미디어와 기술 중심의 혁신적인 캠퍼스. 현대적인 디자인과 디지털 혁신을 반영하는 공간으로 렘 콜하스가 설계하여 2020년 준공함

※ 악셀 슈프링거(Axel Springer)사는 독일의 주요 미디어 기업으로 신문 및 잡지 출판, 디지털 미디어, 방송 및 엔터테인먼트, 광고 및 마케팅을 주요 사업으로 하고 있으며 1946년 설립되어 월간 최대 4,000만 명의 고유 사용자(unique user)를 확보하고 있음

▣ 악셀 스프링거 주식회사는 언론의 자유를 강력히 옹호하며, 독일 내에서 민주주의와 자유 언론의 중요성을 강조하고 있으며 대규모 미디어 제국을 건설하여 독일뿐만 아니라 전 세계적으로 영향력을 확장했고 디지털 혁신을 주도하는 글로벌 미디어 기업의 역할을 계속해서 수행하고 있음

• 악셀 슈프링거 본사 전경 출처: www.axelspringer.com

2. 건축 개요

1) 주요 제원

구분	내용
설계자	렘 콜하스(Rem Koolhaas)
건축 사무소	OMA(Office for Metropolitan Architecture)
완공	2020년
높이	약 45m(10층), 면적: 약 5만 2,000m^2

2) 건축적 특징

▣ 개방형 구조: 내부 공간은 개방형 구조로 설계되어 직원 간의 소통과 협업을 촉진

■ 스텝형 테라스: 건물의 중심부에는 스텝형 테라스가 있으며, 자연 채광을 최대화하고 내부 공간을 다채롭게 활용

■ 유리 파사드: 외관을 유리로 덮어 내부의 활동을 외부에서 볼 수 있도록 투명성 강조

■ 녹색 건축: 에너지 효율성과 지속가능성을 고려한 디자인 요소들이 포함됨

출처: www.oma.com

13. 암펠만

마음의 담도 무너뜨린 통일의 상징인 신호등

1. 프로젝트 개요

- ▣ 암펠만(Ampelmann)은 암펠(Ampel, 신호등)과 만(Mann, 사람)의 합성어이며, 여성을 뜻하는 암펠프라우(Ampelfrau)도 있음
- ▣ 빨간색의 정지해 있는 사람을 슈테어(Steher)라 부르고 걸어가는 형상의 초록색 신호등 사람을 게어(Geher)라 부름
- ▣ 과거 동독의 교통 심리학자인 카를 페글라우(Karl Peglau)에 의해 1961년 10월 31일 탄생했으며, 당시 교통사고에 취약한 계층을 고려함과 동시에 사람들이 단조로운 신호등을 무시하여 사고가 일어나는 것을 참고하여 만듦
- ▣ 교통 교육, 만화영화 등에 등장함
- ▣ 서독 출신 디자이너 마르쿠스 헤크하우젠(Markus Heckhausen)이 통일 후 폐기된 암펠만으로 조명을 만드는 '암펠만 살리기 위원회'를 제안했고, 베를린 정부는 1997년 동베를린 지역에 암펠만을 유지하기로 결정함
- ▣ 암펠만은 현재 독일에서 굉장히 사랑받는 캐릭터로 베를린 시내에 암펠만 굿즈를 판매하는 기념품점이 6개 운영 중임
- ▣ 운터 덴 린덴(Unter den Linden)에 위치한 암펠만 숍이 6개 지점 중에서 가장 규모가 큰 것으로 유명

• 암펠만 신호등

구분	내용
설계	카를 페글라우
용도	옛 동베를린의 유서 깊은 신호등 디자인
특징	- 빨간색 암펠만은 십자가를 떠오르게 하며, 초록색 암펠만은 역동적인 모습을 하고 있음 - 현재 암펠만과 관련된 다양한 디자인의 굿즈들이 등장하고 있으며 베를린의 명물이 되었음

2. 개발 경과

- ▣ 1961년 카를 페글라우가 암펠만을 디자인하여 동베를린 시가지에 사용함
- ▣ 독일 통일 이후 서베를린 정부의 통합으로 인해 서독의 신호등이나 유럽 공통의 신호등으로 암펠만을 사용함
- ▣ 1997년 베를린 정부는 '암펠만 살리기 모임'을 통하여 구 동베를린 지역에 암펠만을 유지하고, 노후된 서베를린 신호등도 암펠만으로 교체함
- ▣ '암펠만 살리기 모임'의 대표자였던 마르쿠스 헤크하우젠이 1999년 암펠만 컬렉션을 선보임
- ▣ 현재 암펠만은 단순한 캐릭터가 아닌 '독일 통일상'의 로고가 되었으며, TV 퀴즈쇼 프로그램 등 사회 전반에서 베를린을 나아가 독일을 상징하는 아이콘이 됨
- ▣ 암펠만 제품의 절반 이상을 구 동독 지역에서 생산하고 있음

• 암펠만 캐릭터

14. 잠룽 보로스

전쟁 피난처 및 포로 수용소를 국제 미술관으로 만든 '벙커 미술관'

1. 프로젝트 개요

- Sammlung Boros(Bunker of Art). 원래 비행기 공습 대피소였던 벙커(Reichs-bahnbunker)를 1943년 건축가 카를 보나츠가 4,000명의 피난처로 건축함
- 일반적으로 벙커는 지하에 짓지만 베를린은 습지 위에 지어진 도시라 지하 벙커를 만들 수 없어 지상에 건설함
- 2003년 크리스티나 보로스(Christian Boros)가 개인 미술 컬렉션을 위해 벙커를 구입하고 건축가 옌 캐스퍼와 페트라 페터슨이 건물을 전시 공간으로 변경함
- 크리스찬 보로스가 수집한 1990년부터 현재까지의 국제 예술가들의 작품을 전시

구분	내용
위치	Reinhardtstraße 20, 10117 Berlin, Germany
시행 면적	3,000m^2
설계	옌 캐스퍼(Jens Casper) & 페트라 페터슨(Petra Peterson)
추진 일정	2003~2007년
용도	현대 미술 컬렉션을 위한 전시회 및 미술관

구분	내용
특징	- 과거 공습 대피소로 사용되었으며, 연합군 점령 당시 전쟁 포로 수용소 - 수용 인원은 4,000명 정도이며 5층 건물에 80여 개의 방과 벽 두께가 약 2m 정도로 단단하게 지어진 건물 - 국영 기업인 'Fruit Vegetables Potatoes'가 관리하는 쿠바 수입 열대 창고로 이용되었음 - 바나나 창고로 이용되어 벙커의 입구에 바나나 그림이 있는 것이 특징 - 다양한 현대 미술품들과 크리스티안 보로스 컬렉션 수납

• 벙커 미술관

2. 개발 경과

▣ 1941년 카를 보나츠가 알베르트 슈페어의 감독하에 벙커 건설

▣ 1945년 동독군의 군사 감옥 및 전쟁 포로 수용소로 사용됨

▣ 1949년 섬유 창고로 사용되었으며, 이후 1957년 수입 열대 과일 창고로 사용되어 '바나나 벙커'라는 별칭을 얻음

▣ 1992년 벙커에는 테크노 음악 활동 및 다양한 공연이 전시됨.
▣ 2003년 크리스티안 보로스가 컬렉션 구비를 위하여 벙커를 구입함
▣ 2007년 개·보수를 마친 후 개장

3. 개발 내용

▣ 벙커로 지어질 당시 이탈리아 팔라초(대저택) 형식으로 지어졌으며 제2차 세계대전 당시 독일의 히틀러가 선호했던 스타일
▣ 보로스 컬렉션
- 크리스티안 보로스가 수집한 컬렉션의 첫 전시회는 방문자가 약 12만 명일 정도로 인기였으며, 이후 2012~2016년 2차 전시회는 약 20만 명의 방문객이 찾음
- 1990년부터 현재까지 국제 예술가들의 작품들을 모았으며, 3,000m²의 벙커에서 공개 전시되고 있음

4. 개발 주체

▣ 옌 캐스퍼는 2003년 베를린에서 레알울티테크투어(Realultitektur)를 공동 창립하며, '세계에서 가장 흥미로운 101명의 건축가'에 선정됨
- 2010년 마리안 뮬러(Marianne Mueller)와 올라프 니어(Olaf Kneer)와의 합병으로 캐스퍼 뮬러 니어(Casper Mueller Kneer)를 설립함
▣ 페트라 페터슨은 다양한 수상, 전시회, 강의 등으로 활동하고 있는 건축가이며, 벙커 베를린(Bunker Berlin), 시어터 포크스부네 베를린(Theater Voksbuhne Berlin) 등 다양한 건축물들을 설계함

15. 베타하우스

공동 스튜디오 및 사무실

1. 프로젝트 개요

▣ Betahaus. 공동 스튜디오로 여러 디자이너들이 같은 공간에서 일정 금액을 지불하고 같이 사용하는 작업 공간

▣ 2009년 설립된 이후로 지속적인 성장세를 통해 현재 매일 200명 이상의 사용자가 방문하고 있음

▣ 유럽에서 가장 큰 규모의 공동 사무실로 베를린뿐 아니라 다양한 지역에 위치함

▣ 네트워크, 혁신, 생산을 위한 독립적인 전문가들과 지식노동자들의 인큐베이팅 플랫폼을 구축하고 있음

▣ 베타하우스의 소개 문구는 'Just like AirBnB frees hospitality and Uber frees transport, Betahaus frees work'로, '에어비앤비가 주거를, 우버가 교통을 자유롭게 해 준 것과 같이 베타하우스는 일을 자유롭게 합니다'임

▣ 카페, 워크숍 및 교육 사업, 베타하우스 투어 등을 통하여 부가 수입 창출

▣ 1개 팀에 월 250유로(약 33만 원)의 회원비와 락커 1개에 월 25유로(약 3만 3,000원)의 임대료를 받음

• 베타하우스 전경

구분	내용
위치	Rudi-Dutschke-Straße 23, 10969 Berlin, Germany
시행 면적	4,000m^2
인원	570명 이상
용도	공유형 커뮤니티 스타트업 협력 공간
특징	- 매주 목요일 베타브랙퍼스트(betabreakfast)라는 행사가 열리며 입장료 10유로를 내면 간단한 조식 부페를 먹으며 스타트업 발표를 들을 수 있음 - 1층은 카페, 2층부터 사무실 - 운영 시간은 월~금 08:00~20:00이며 '7/24' 서비스는 주말 및 야간 근무도 가능함

2. 베타하우스 공간

▣ 하드웨어 랩(Hardware Lab)
- 디자인과 관련된 워크숍이 진행되며 다양한 디자인 전문가들과 협업하는 공간
- 다양한 프로토타입의 하드웨어를 공유하는 하드웨어 랩 이용이 가능함

▣ 우드숍(Wood Shop)
- 목공 작업이 가능한 장소로, 실험 공간 내 10명의 전문가가 있음
- 목공과 관련된 다양한 교육 과정을 지원하며 원목을 이용한 DIY 코스가 열림

▣ 공용 스페이스
- 2층에 위치하고 있으며 3D 인쇄기 등 사무실 장비를 공유하고 사무실 공유 스케줄이 있으며 다양한 미팅룸이 있음
- 40명 정도 수용이 가능한 아레나(Arena) 공간은 유료로 임대 가능함
- 100명가량 수용 가능한 이노스페이스(Inospace)도 마련되어 다양한 행사를 진행함

▣ 사무 공간
- 유료 공간으로 팀 및 개인이 신청하여 사용할 수 있으며 개인 사용자들을 위해 벽면과 책상을 자유롭게 움직일 수 있게 함
- 스타트업 커뮤니티 및 팀을 위한 사무 공간이 별도 마련되어 있기도 함

3. 프로그램 성격

▣ 베타하우스 X(Betahaus X)
- 기업 고객 및 전문가와 파트너들로 구성된 국제 네트워크에 연결시켜 주는 프로그램으로 맞춤형 엑셀러레이터를 제공함

- 유럽 시장 진출을 위해 스타트업을 약 3개월 동안 진행하여 맞춤 및 데모 제작을 도와주고, 하드웨어 엑셀러레이터의 경우 14일간의 집중 프로그램을 진행함
- 우리나라 정부가 한국형 엑셀러레이터 프로그램을 만드는 데 보조적인 역할을 했으며 컨설팅함

▣ 베타피치(Betapitch)

- 매년 베타하우스에서 주최하는 국제 스타트업 대회로 산업 전반에 걸쳐 유망한 스타트업을 찾아 지원하는 프로그램
- 파트너, 벤처 투자자, 인큐베이터, 협력사 등 다양한 전문가들을 지원하여 스타트업 대상의 아이디어를 실현시킬 수 있게 해 줌

• 베타하우스 내부 공동 작업 공간

• 베타하우스 내부 휴식 공간

16. 해커셰 회페

지상 최초 복합 주택

1. 프로젝트 개요

▣ Hackesche Höfe. 호프(Hof)는 독일어로 '마당'이라는 뜻으로, 호페(Hofe)는 '마당들'이라는 의미

▣ 8개의 작은 마당들로 이루어져 있으며, 총 면적 2만 7,000m²이며, 약 40개의 상가와 극장, 카페 등 문화 시설 및 주거지가 있음

▣ 각 마당들은 연결되어 있으나, 식당, 각 숍들의 특징이 다르며 개장 및 폐장 시간 역시 상이함

구분	내용
위치	Rosenthaler Str. 40 -41, 10178 Berlin, Germany
시행 면적	27,000m²
설계	아우구스트 엔델(August Endell) & 쿠르트 베른트(Kurt Berndt)
추진 일정	1906년 첫 개장(1977 보존 명령 이후 여러 차례 개·보수)
용도	세계 최초 복합 주택
특징	- 입구를 지나 가장 먼저 보이는 마당은 유겐트 양식(Jugendstill)이 사용되었으며, 건축가의 이름을 따 엔델셔 호프라 불리기도 함 - 주거지뿐만 아니라, 극장, 상가, 카페 등 문화시설이 있음 - 2006년 100주년을 맞이하여 2일간 축제가 열림

• 해커셰 회페 외관

2. 개발 경과

- ▣ 1858년 유리 제조업체 한스 퀼리츠(Hans Quilitz)가 대지 구입 및 상업용 건물 건설함
- ▣ 1906~1907년 건축가 겸 개발자인 쿠르트 베른트와 아우구스트 엔델이 해커셰 회페 계획 및 건설
- ▣ 1945년 제2차 세계대전 말기 피해를 받았으며, 소련 군사 행정부가 마당을 따로 격리시키고자 함
- ▣ 1977년 보존 명령을 받음, 1990년부터 문화예술 분야에 종사하는 예술가 및 기타 사람들이 이 지역을 개발하고 열린 공간으로 다양한 프로젝트 실시함
- ▣ 1995년 개조 작업이 시작했으며, 다양한 축제 기획

3. 개발 주체

▣ 아우구스트 엔델은 건축일을 하며, 해커셰 회페, 베를린 극장 분테(Bunte), 베를린 및 포츠담 마을의 집과 별장들을 디자인함

- 디자인에 대한 기사, 에세이 및 서적을 지속적으로 출판하며, 아치, 계단 레일 등 구조화된 디자인을 보임

• 해커셰 회페 내부 전경

17. 니콜라피어텔

베를린의 가장 오래된 교회를 중심으로 이루어진 건축물

1. 프로젝트 개요

- ▣ Nikolaviertel. 스프레강의 동쪽에 위치하여 있으며 베를린의 가장 오래된 교회 중 하나인 니콜라이키르히(성 니콜라스 교회)가 있음
- ▣ 니콜라이키르히는 로마네스크 건축물로 1230년에 지어졌으며 제2차 세계대전으로 파괴되었음
- ▣ 니콜라이 교회의 두 개의 첨탑은 특이하게 서로 딱 붙어 있는 모습을 하고 있으며 최초에는 로마 카톨릭 교회였으나 종교개혁 이후 개신교 교회로 바뀜
- ▣ 1987년 베를린 750주년 재건축을 통해 복원됨

• 니콜라비에르텔 외부 전경

구분	내용
위치	Nikolaikirchplatz, 10178 Berlin, Germany
추진 일정	2001~2025년
복원	권터 스탄(Gunter Stahn)
용도	가장 오래된 교회를 중심으로 이루어진 작은 마을
특징	- 1776년 프러시아 왕 프레드릭 2세의 재정을 담당하던 유대인 은행가 파이텔 하이네 에프라임(Veitel-Heine Ephraim)을 위해 건축된 에프라임 궁이 유명함 - 전통적인 독일 레스토랑과 바로 유명함

2. 개발 경과

▣ 중세 시대 이곳에는 베를린을 통과하는 무역로가 있었으며, 1200년경 니콜라이 교회가 세워짐

• 니콜라피어텔 전경

▣ 제2차 세계대전까지, 주점, 상점, 소매점, 워크숍 등이 즐비했으며, 클라이스트(Kleist), 하우프트만(Hauptmann)과 같은 예술가들이 살았으나 폭격으로 1944년 크게 파괴됨

▣ 1987년 베를린 창립 750주년 기념 행사 전까지 복원되지 않았으나 1981년 건축가 권터 스탄(Gunter Stahn)이 복원함

3. 주변 유명지

▣ 에프라임 궁전(Ephraimpalais)
- 18세기 베를린 궁전 건축의 걸작이라 불리며, 부드러운 곡선으로 이루어진 로코코 파사드(Rococo Facade)가 있음
- 현재는 박물관으로 운영되고 있으며 전시회를 개최함

▣ 크노블라우흐 하우스(Knoblauchhaus)
- 1760년에 지어진 크노블라우흐 하우스는 바로크 건축물로서, 객실과 가구들로 유명함

• 건물 사이로 보이는 니콜라비에르텔 교회

18. 소호 하우스 베를린

라이프스타일 상가 혼합 부티크 호텔

1. 프로젝트 개요

▣ SOHO House Berlin. 편집숍, 레스토랑, 카페, 부티크 호텔, 소셜라이징 역할이 추가된 멤버십 공간임

▣ 90년대 중반 런던에서 시작된 '프라이빗 멤버스 클럽(Private Members Club)'으로 '크리에이티브 필드'에 있는 사람들만 가입할 수 있음

▣ 회원들만이 내부 공간 및 레스토랑, 수영장 등을 이용할 수 있으며, 일반 관광객은 1층만 사용 가능함

구분	내용
위치	Torstrasse 1, 10119, berlin, Germany
설계	게오르그 바우어 & 지그프리드 프리들랜더
개관일	2010년 건물을 재생하여 재개관함
용도	멤버 전용 식당, 편집숍, 편의시설 등 복합 시설
특징	- 과거의 옥상 레스토랑이 있는 7층의 백화점으로 1920년대 말 개장함 - 제2차 세계대전 중 아르투어 악스만(Artur Axmann)의 조직 본부 역할 - 1950년 후반, 마르크스-레닌주의 연구소(Institute of Marxist-Leninism)로 탈바꿈

• 소호 하우스 베를린 전경

• 소호 하우스 베를린 내부

2. 개발 경과

- ▣ 1920년대 말, 요나스 앤드 컴퍼니(Jonass & Co.)는 7층의 옥상 레스토랑이 있는 한 백화점으로 개장함
- ▣ 1933년 1월 국가사회주의당이 등장하며, 백화점의 유대인 주인은 사퇴 압박을 받음
- ▣ 이후 라이히 유스 리더십(Reich Youth Leadership) 단체에 매각되었으며, 제2차 세계대전 당시 아르투어 악스만의 본부로 사용됨
- ▣ 1945년 공산당의 중앙 회의실로 이용되었으며, 이후 SED당이 이용함
- ▣ 1989년 베를린 장벽 붕괴 이후 유대인 주인은 건물을 되찾았으며, 2010년 재단장하여 소호 하우스 베를린으로 재개장함

19. 베를린 장벽

냉전 시대, 독일 동서 분단의 상징

1. 베를린 장벽 개요

▣ Berlin Wall. 동독 정부가 인민군을 동원하여 동베를린과 서베를린 경계에 쌓아 올린 콘크리트 담장

▣ 1961년 8월 13일 만들어졌으며 '반 파시스트 보호벽'이라 불림

▣ 1989년 11월 서베를린을 향한 자유여행을 기점으로 실질적 해체 수순에 들어감

▣ 냉전과 분단국의 상징. 이 장벽으로 인해 서베를린은 적대국 사이에 둘러싸여 '육지의 섬'이라고 불리게 됨

▣ 2005년 베를린시에서는 서울시를 위해 베를린 장벽의 일부를 원형 그대로 옮겨와 베를린 광장을 조성함

• 베를린 장벽 지도

출처: theguardian.com

구분	내용
위치	Bernauer Str. 111, 13355 Berlin, Germany
총 길이	155km(실제 장벽의 길이는 43km)
주관	니키타 흐루시초프(Nikita Khrushcev), 발터 울브리히트(Walter Ulbricht)
존속기간	1961~1989년
특징	- 서독이 적대국 사이에 둘러싸여 '육지의 섬'이라 불린 것은 교통, 지형 등이 막힌 것이 아닌 이념적 단절을 의미함 - 베를린은 30년 전쟁 이후 가장 오래된 수도로서 연합군과 소련군 모두 상징적인 베를린의 관리를 포기하지 못함 - 베를린 장벽으로 물리적인 제한이 생기긴 했지만 실제로 교류 자체가 단절되지는 않음

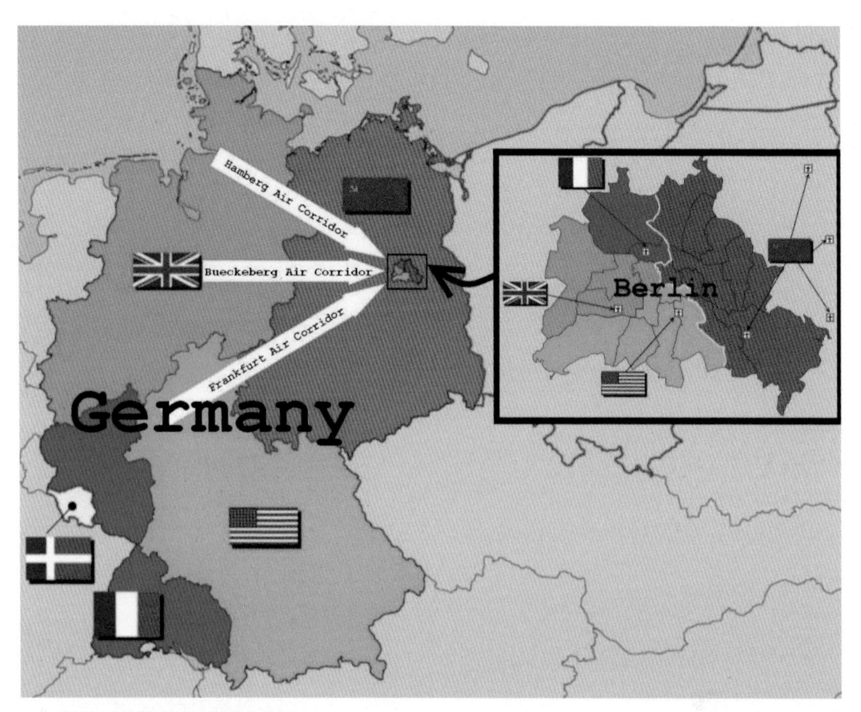

• 베르를린 장벽 형성 당시 독일의 상황 출처: airfreshener.club

2. 베를린 장벽 경과

▣ 제2차 세계대전 종전 후, 얄타 회담에서 연합국이 독일을 분할하기로 결정

▣ 베를린은 소련 자치권 내에 위치했으나 예외로 연합군과의 분할이 결정되어 미국, 프랑스, 영국, 소련이 각각 4분할하게 됨

▣ 동독의 인구가 서독으로 월경하는 경우가 많아지자 1961년 8월 13일 동독이 인민군을 동원하여 서베를린의 경계에 장벽을 건설하고 그 이후 3~4차례 보수함

▣ 베를린 장벽 중 경계에 세워진 장벽은 43km이며 106km는 3.6m의 콘크리트 벽, 나머지는 철조망과 감시탑으로 이루어졌음

▣ 1989년 9월 라이프치히에서 시작된 시위가 기폭제가 되어, 여행 개방을 주제로 매주 시위가 일어났으며 이로 인해 1989년 11월 9일 여행 자유화에 대한 회견을 발표

▣ 당시 11월 10일이 개방일이었지만 당시 동독 통일사회당(SED) 총서기 귄터 샤보프스키(Günter Schabowski)가 회견 중 '지연 없이 즉시(immediately, without delay)'라 대답함

▣ 11월 9일 당시 회견을 시청하던 서독과 동독의 사람들이 베를린 장벽 부근으로 갔으며 동독 경비병들은 이들의 거센 항의를 받아 결국 경계선을 개방함

3. 베를린 장벽 배경 및 사건

▣ 베를린 장벽 건설 계기

- 서베를린과 동베를린 중 서독과 서베를린의 경제적 요건이 동독과 동베를린에 비해 양호하여 동독 주민들의 지속적인 이탈이 이루어짐
- 연합군이 동독 및 동베를린에 스파이와 비밀경찰을 침투시킴
- 동독 마르크 화폐 가치의 하락으로 인해 동독인들의 경제적인 부담감이 증가함

▣ 베를린 장벽 사건

- 차량, 월담, 땅굴 등 다양한 방법의 탈출 시도가 있었으며, 초기에는 차량 탈출이 많았지만 경비대원들의 증가로 인해 실패 사례가 늘어남
- 베를린 장벽에서 발생한 사고로 인해 총 136명의 희생자가 생겼는데, 경비대의 오인 사격 및 탈출자에 대한 사격 등으로 발생함
- 대표적으로 '크리스 귀프로이(Chris Gueffroy)'라는 남성이 21살의 나이에 베를린 장벽을 넘다 국경수비대의 총을 맞아 사망하는 사건이 발생했으며 그의 묘비명에는 '호네커 독재의 희생자(Opfer der Honecker Diktatur)'라는 비명이 남겨짐

4. 베를린 장벽 건설 주체

▣ 소련의 흐루시초프가 동독의 사회통일당 제1서기 울브리히트에게 제안하면서 베를린 장벽 건설이 시작됨

▣ 서베를린의 브란트 시장과 당시 주민들이 반발했지만 베를린 장벽 건설을 막기에는 역부족이었음

▣ 서독이 베를린 장벽 근처에서 자유롭게 행동했던 것과는 다르게 동독은 장벽에서 100m 이내에 있던 건물의 철거와 사람들의 행동을 제약하며 '죽음의 지대(Death Strip)'라 불림

▣ 베를린 장벽의 붕괴를 촉발시킨 귄터 샤보프스키는 독일이 통일된 후 베를린 장벽을 넘으려던 동독인들을 살해한 정책 시행의 책임을 물어 1997년 3년형을 선고받고 이후 자신의 책임을 시인하고 조용히 지냄

5. 베를린 장벽 관련 관광지

▣ 이스트 사이드 갤러리(East Side Gallery)

- 세계 최대 야외 갤러리이며 남아 있는 장벽에 벽화를 그린 것으로 유명함
- 총 길이 1.3km가 슈프레 강변을 따라 늘어서 있으며 세계에서 가장 길고 오래된 공개 야외 갤러리
- 독일의 통일 직후 1990년부터 벽화 및 그래피티가 채워지기 시작했으며 베를린 당국에서 지속적인 유지 보수를 진행 중

▣ 베를린 장벽 기념관

- 과거 보존된 장벽의 모습 그대로를 가지고 있으며 동서 베를린 사이의 무인지대를 완벽하게 재현함
- 야외 오픈 공간이며 별도의 조명 시설이 없어 일몰 전에 가야 함. 기념관으로 개방된 공간은 과거 동베를린 구역으로 통행하는 국경수비대의 순찰 루트

• 과거의 베를린 장벽 출처: yousense.info

• 현재의 베를린 장벽 출처: huffpostbrasil.com

20. 베를린 수도관

공중에 떠 있어 독특한 분위기를 나타내는 수도관

1. 프로젝트 개요

▣ 베를린의 시가지 혹은 공사장에서 마주할 수 있는 수도관으로 일반적으로 땅에 묻는 수도관과 다르게 대로변 위에 설치되어 있음

▣ 베를린의 지질은 습지로 이루어져 있어 지하수의 표면이 지표에서부터 약 2m 정도밖에 되지 않기 때문에 지하 공사를 하거나 땅을 파내면 물이 차올라 공사하는 데 문제가 발생함

▣ 수도관을 설치하면 지상에서 물을 운하로 옮겨 지하수를 배수하고 도시의 각종 공사 및 작업을 용이하게 하기 때문에 일반적으로 공사장 근처에서 가장 흔하게 볼 수 있음

▣ 분홍색을 기본으로 다양한 색상의 파이프들이 있는데 색의 차이는 파이프 수도관을 공사한 시공사를 확인하기 위한 것임

▣ 수도관의 형태는 일반적인 직선 형태가 아닌 구불구불한 모양을 띠고 있는데 이는 수도관의 동파를 막기 위한 하나의 장치

• 베를린 수도관

• 베를린 수도관

21. 오스트크레우츠 룸멜스부르크 우퍼

호수 근처 수변 주거 재개발 단지

1. 프로젝트 개요

- ▣ Ostkreuz Rummelsburg Ufer. 베를린 도심에서 4km 북쪽 룸멜스부르크 호수에 위치한 오스트크레우츠 룸멜스부르크 우퍼 지역을 개발 및 주거 단지로 재개발함
- ▣ 엘베강과 항구에 인접한 입지를 살린 수변 공간 개발 계획
- ▣ 16ha의 녹지 공간이 조성되어 있으며 공공 인프라 사회 시설이 건축됨
- ▣ 5,000명의 사람들이 1997년에 건축된 호수 근처의 건물에 거주하고 있음
- ▣ 이 지역은 과거 화학 섬유 생산 기지로 1928년 파울 실라크(Paul Schlack) 박사가 나일론(nylon)과 비슷한 합성 섬유인 펄론(Perlon)을 발명한 화학 섬유 산업 단지였으며 또한 19세기 중반에는 파울 멘델손 바르톨디(Paul Mendelssohn Bartholdy)와 카를 알렉산더 마르티우스(Carl Alexander Martius)가 화학 생산 회사를 설립하여 독일 화학 산업이 전 세계에서 현재의 선도적 자리 매김을 하게 된 지역이었음
- ▣ 보트 클럽, 산책로, 카누 등 다양한 수상 레포츠를 즐길 수 있는 인프라가 있음

• 오스트크레우츠 룸멜스부르크 우퍼 전경

구분	내용
위치	10317 Berlin, Germany
시행 면적	60,000m²
주관	베를린 상원
추진 일정	1994년 시작
용도	룸멜스부르크 호수 수변 단지 재개발
특징	- 오래된 산업 시설과 휴경지를 주거 단지로 재개발함 - 2000년 올림픽 유치와 관련한 재개발을 위해 예비조사 실행 - 약 2,500여 채의 아파트, 200여 채의 단독주택이 건설되었으며, 다양한 사회 기반 시설을 건축 중

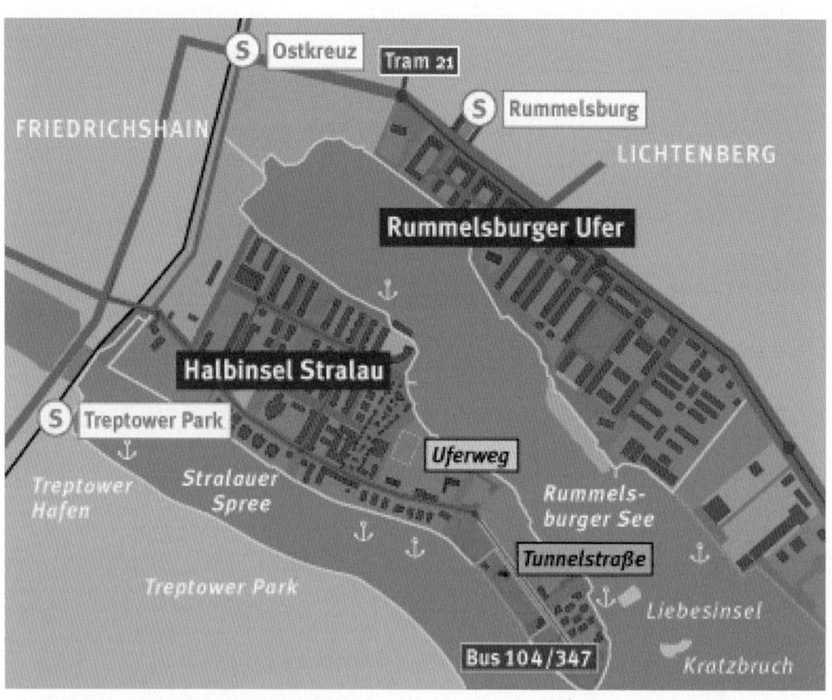

• 오스트크레우츠 룸멜스부르크 우퍼 전체 지도

출처: rummelsburger-ufer.de

22. 피에르 불레즈 잘

프랭크 게리가 설계한 360도 개방감의 아름다운 공연장

1. 프로젝트 개요

- ▣ Pierre Boulez Saal. 건축가 프랭크 게리(Frank Gehry)가 지휘자이자 피아니스트인 다니엘 바렌 보임(Daniel Barenboim)과 함께 새로운 실내악 콘서트홀로 설계한 타원형의 아름다운 공연장
- ▣ 오케스트라는 관객을 느끼고 관객은 오케스트라를 느끼게 해서 오케스트라는 더 잘 연주하고 청중은 더 잘 들을 수 있게 하는 것이 360도 타원형 콘서트홀의 설계 철학

• 피에르 불레즈 잘 전경

2. 콘서트홀 역사와 특징

▣ 원래 창고로 사용되다가 제2차 세계대전에서 파괴된 것을 1964년 건축가 리하르트 파울리크(Richard Paulick)가 재건함

▣ 음악가 다니엘 바렌보임과 피에르 불레즈(Pierre Boulez)가 공연장으로 선보임. 총 6,500m²의 바닥 공간에는 21개의 리허설 룸, 강당, 사무실 및 보조 공간이 있음

• 내부 전경*

▣ 2012년 프랭크 게리의 설계로 시작해 2017년 3월 4일 개관했으며 콘서트홀의 눈에 띄는 디자인은 피에르 불레즈의 아이디어를 반영한 것

▣ 홀의 완성을 보지 못하고 2016년 1월 세상을 떠난 프랑스 작곡가, 음악학자, 음악감독, 지휘자인 피에르 불레즈를 기리는 뜻에서 피에르 불레즈 잘이라고 이름 붙임

▣ 건설 비용은 개인 기부자 외 교부금, 추정되는 독일 연방 정부지원금으로 충당

▣ 무게 없는 타원형 무대, 홀은 최대 682명을 수용

▣ 2012년 다이엘 바렌보임이 설립한 바렌보임 사이드 아카데미(Barenboim-Said Akademie)는 중동과 북아프리카 및 난민 청소년들에게 음악을 가르치는 음악 교육 기관

23. 춤 베를린

현대적 감각의 쇼핑·사무실 복합 개발

1. 프로젝트 개요

- ▣ Zoom Berlin. 베를린 서쪽 중앙 지역의 가운데 위치한 랜드마크로서 동물원역과 쇼핑 거리인 쿠어퓌르스텐담(Kurfürstendamm) 거리 사이에 위치함
- ▣ 저층부에는 아일랜드 소재의 국제적 의류 소매 업체인 프리마크(Primark) 같은 상가가 입점해 있으며, 상부 3개 층은 사무실 용도로 개발됨

• 춤 베를린 전경

구분	내용
위치	Joachimsthaler Str. 3, 10623 Berlin, Germany
시행 면적	181,910m^2
설계	Haschler Jehle Architektur AUKETT & HEESE
추진 일정	2018년 6월 완공
용도	쇼핑몰 및 상업 주거 구역 복합 단지
특징	- 베를린 서쪽 중앙 지역 개발 프로젝트, 떠오르는 지역을 상징 - 건물의 감각적인 디자인은 오목한 면을 이용하여 활기찬 외관을 강조

2. 개발 경과

- ▣ 492ft 길이의 3층짜리 유리 외관으로 'ZOOM'은 상점 측면의 가시성과 브랜드 인지도를 높이고 철도와 인접해 있어서 건물 측면 외벽을 통한 대형 광고의 기회를 제공함
- ▣ 베를린 서쪽 지역의 도시 발전과 현대 건축의 발전을 상징하는 중요한 랜드마크로 상가, 오피스 및 주거 용도로 복합 개발됨

3. 개발 내용

- ▣ 1층은 소매·식당 공간으로 아시아 레스토랑 소울스틱스(SoulStix), 햄버거 바 버거마이스터(Burgermeister) 등의 공간으로 이용됨
- ▣ 지하 1층과 2층에는 프로젝트의 앵커 세입자로서 국제 패션 브랜드인 프리마크(Primark)가 입점함
- ▣ 3, 4층은 부동산 중개사인 엥겔 앤드 폴커스 커머셜 베를린(Engel & Volkers Commercial Berlin)이 입주
- ▣ 5층은 소프트웨어 개발회사가 입주함

24. 하우스 데어 레러

베를린 의회 센터

1. 프로젝트 개요

- Haus der Lehrer. '선생님의 집'이라는 뜻을 가진 건물, 베를린 미테 지역의 알렉산더플라츠에 위치
- 제2차 세계대전으로 이전 건물이 파괴된 후 1961~1964년 다시 건설된 건물. 외관 2~5층을 감싸고 있는 벽화가 특징
- 벽화의 이름은 운저 레벤(Unser Leben, Our Life)으로 독일의 사회주의 현실주의 화가인 발터 보마카(Walter Womacka)의 멕시코 벽화 예술 스타일 작품
- 2003년 9월부터 베를린 의회 센터(Berlin Congress Center, BCC)로서의 기능 수행

• 하우스 데어 레러

4

베를린의 주요 명소

1. 브란덴부르크 문

과거 세관 장벽에서 베를린 장벽의 상징적인 문으로

▣ Brandenburg Tor. 원래 밀수 등을 방지하기 위한 세관 장벽 중 하나로 18세기 프로이센 F. 윌리엄(F. William) 2세의 지시에 의해 건설됨

▣ 고대 그리스의 아크로폴리스 입구를 본떠 만들었으며 높이 15m의 기둥 6개와 5개의 통과 개선문으로 1791년 완공됨

▣ 아크로폴리스를 본딴 이유는 베를린이 아테나와 같이 학문과 예술의 도시임을 상징하기 위함

▣ 개선문 위에는 요한 고트프리트 샤도(Johann Gottfried Schadow)가 제작한 〈승리의 콰드리가 전차〉 조각상과 승리의 여신 〈빅토리아 여신〉의 상이 있음

▣ 19세기 이후 전쟁에서 승리한 프로이센 및 독일군이 개선할 때 반드시 지나는 장소로 유명했음

▣ 제2차 세계대전 당시 파괴되었다가 1957~1958년 복원됨

▣ 독일 재통일 전에는 베를린 장벽의 상징적인 문으로 베를린 장벽이 세워진 이후에 동서 베를린 주민들의 왕래가 금지되면서부터 허가받은 사람들만 브란덴부르크 문을 통해 왕래할 수 있었음

▣ 2009년 세계 육상 선수권 대회에서 마라톤과 경보 경기의 출발선 및 결승점이었음

• 브란덴부르크 문

출처: www.shutterstock.com

• 브란덴부르크 문

2. 이스트 사이드 갤러리

분단의 상징이었던 베를린 장벽에 그려진 예술 작품들

▣ East Side Gallery. 베를린 장벽 붕괴 이후 다양한 예술가들이 벽화를 그리며 시작된 세계 초대 규모의 야외 갤러리
▣ 슈프레 강변을 따라 1.3km가량 남아 있으며 통일 직후인 1990년부터 벽화를 그리기 시작함
▣ 가장 인기 있는 작품은 소련 서기장인 브레즈네프와 동독 서기장 호네커의 입맞춤 장면인 〈형제의 키스〉
▣ 1990년에 베를린 장벽 동쪽에 세계 21개국 118명의 베를린 화가 및 전세계의 화가들이 작품을 그림
▣ 예술품들의 주제는 대부분 억압, 자유, 평화 3가지 키워드로 요약할 수 있음
▣ 야외 갤러리 특성상 사람들의 낙서와 훼손으로 인하여 2009년에 벽화를 재복원했으며 현재까지 이어지고 있음

• 이스트 사이드 갤러리에 그려진 〈형제의 키스〉

• 이스트 사이드 갤러리 전경

• 이스트 사이드 갤러리 벽화

3. 오베르바움 다리

동부와 서부의 베를린을 연결했던 다리

- ▣ Oberbaum Brücke. 1700년대 도시의 관문으로 건설된 목조 도개교 '오베르바움(들보 다리)'이 1896년 개방되었으며 증축 건설된 고딕식 첨탑이 포인트
- ▣ 베를린의 요새화에 일조했으며 베를린 동부와 서부를 연결했던 상징으로 당시 동베를린과 서베를린을 연결하기 위해 사용됨
- ▣ 프리드리히스하인구와 크로이츠베르크구를 연결하며 가장 많은 시간과 자본이 투입된 다리
- ▣ 다리 위로는 자동차 및 지하철 1호선이 운행됨
- ▣ 아치형 고가 철로와 중앙의 두 탑은 베를린 장벽 붕괴 이후 복원되었음
- ▣ 90년대 보수 작업은 스페인 건축가 산티아고 칼라트라바(Santiago Calatrava)가 담당했으며 파괴된 중간 부분을 현대적 철재 구조물로 복원함
- ▣ 다리 내부에 파이프에 걸려 있는 신발들을 볼 수 있는데 이는 마약을 한 사람이 마약을 끊은 기념으로 신발을 던져 걸어 놓은 것이라 함

• 오베르바움 다리 전경

4. 체크포인트 찰리

동베를린과 서베를린 사이의 검문소

- ▣ Checkpoint Charlie. 냉전 당시 동베를린과 서베를린 사이에 놓인 검문소 중 가장 유명한 검문소
- ▣ 1961년 베를린 위기 당시 미국과 소련의 탱크 대치가 이 장소에서 발생했으며 프리드리히 거리, 짐머 거리, 마우어 거리의 교차로에 위치했음
- ▣ 실제로 체크포인트 찰리는 연합군의 명칭이었으며 당시 소련은 '프리드리히거리 검문소', 동독은 '프리드리히-짐머 거리 국경 검문소'라 불렀음
- ▣ 현재 설치된 검문소는 국경 검문소를 본따 만들었으며 기존의 체크포인트 찰리와 검문탑은 베를린 장벽 붕괴 당시 철거됨

※ 베를린 위기

- 1961년 10월 22일 미국 외교관 앨런 라이트너(Allan Lightner)가 오페라 관람을 위해 동독을 통과하려 할 때, 여행 문서를 검문하다 사건이 발생했음. 여행 문서 확인 거부로 인해 동독 방문을 거절당하자 라이트너는 미국 외교관 호위를 명령했으며 동독의 통제로 인하여 클레이는 미국 전차를 보냄. 소련 또한 전차를 배치하여 경계를 75m 앞에 두고 약 16시간 동안 대치한 사건

• 체크포인트 찰리 전경

5. 국회의사당

독일 민주주의의 상징

- ▣ Reichstagsgebäude. 1871년 독일의 통일 이후 건설이 계획되었으며 1882년 파울 발로트(Paul Wallot)의 설계안이 당선되며 12년 뒤인 1894년 완공되었음
- ▣ 1933년 발생한 화재로 본회의장이 불탔으며 제2차 세계대전 당시 소련의 폭격으로 인해 크게 파손됨
- ▣ 냉전시대 당시 서독에 위치했으나 베를린 장벽이 앞에 설치되면서 냉전의 상징성을 가지게 되었으며 1990년 독일의 재통일 이후 노먼 포스터(Norman Foster)가 독일 국회의사당을 재건축함
- ▣ 1999년 노먼 포스터는 의사당의 벽을 제외한 부분을 모두 철거한 뒤 내부의 돔을 유리와 알루미늄으로 설치했으며 양옆에 나선형 경사로를 달아 시민들이 의회가 일하는 모습을 볼 수 있게 함
- ▣ 환기통을 거울로 덮어 아래층의 조명과 환풍을 동시에 해결함
- ▣ 20세기 급격하게 변하는 독일 사회의 상징성을 띠고 있음. 민주주의의 좌절을 상징했다가 현재는 민주주의를 상징하게 됨. 특히 유리로 둘러싸인 돔은 개방성을 상징하는 민주주의를 대변함
- ▣ 유리 돔에서는 베를린 전경을 360도로 바라볼 수 있으며 유리로 만들어져 태양광을 통하여 내부의 회의장 조명으로 사용됨

• 국회의사당 전경

출처: www.shutterstock.com

• 국회의사당 유리 돔

• 국회의사당 유리 돔 내부

6. 젠다르맨마르크트

베를린에서 가장 아름다운 광장

- ▣ Gendarmenmarkt. 1688년 만들어졌으며 프리드리히슈타트 서부 확장의 계획 중 일부로 시장의 기능도 같이 포함하고 있음
- ▣ 광장 중앙에는 독일의 유명 시인 프리드리히 실러(Friedrich Schiller)의 동상이 있음
- ▣ 베를린 내에서 가장 아름다운 광장으로 불리며 광장 정면의 콘서트홀은 베를린 심포니 오케스트라 전용 콘체르트하우스(Konzerthaus)이며 오른쪽은 프랑스 대성당, 왼쪽은 독일 대성당임
- ▣ 콘체르트 하우스는 1821년 완공되어 왕립극장의 역할을 수행했으나 제2차 세계대전 당시 폭격으로 손상을 입어 1984년 베를린 심포니 오케스트라 콘서트홀로 재개관함

• 젠다르맨마르크트 전경 출처: www.shutterstock.com

• 콘체르트 하우스 전경 출처: www.shutterstock.com

• 프랑스 대성당 외관 출처: www.shutterstock.com

7. 아들론 호텔

베를린에 위치한 5성급 호텔

- Hotel Adlon Kempinski. 382개의 룸으로 구성된 고급 호텔로, 마이클 잭슨 등 유명한 인사들이 투숙하여 유명함
- 브라덴부르크 문, 유대인 기념비와 마주 보고 있으며 1709년 개장했으나 제2차 세계대전으로 1945년 폐쇄했고 현재의 건물은 1997년 새로 지어짐
- 5성급 호텔로 뷰티숍, 옥상 테라스, 도서관, 수영장 등 다양한 부대시설이 갖추어져 있음

• 아들론 호텔 전경

• 아들론 호텔 내부

8. 카이저 빌헬름 교회

전쟁의 상처를 간직하고 있는 교회

▣ Kaiser Whilhelm Memorial Church. 브라이트샤이트 플라츠(Breitscheidplatz) 중앙의 쿠담(Kurfürstendamm) 거리에 위치하고 있으며 구관은 1890년대 지어졌지만 1943년 크게 파괴됨

▣ 현재의 교회 건물은 부속 예배실과 종탑이 있으며 1959~1963년에 지어졌음

▣ 카이저 빌헬름 2세가 자신의 할아버지인 카이저 빌헬름 1세를 기념하기 위해 지은 교회로 1891년 3월 22일 빌헬름 1세의 생일을 기념하며 주춧돌을 놓음

▣ 과거 113m 높이의 첨탑과 2,000개가 넘는 좌석을 가진 상태로 1895년 완공되었고 중앙 현관은 1906년 완공되었지만 제2차 세계대전의 폭격으로 중앙 현관과 첨탑 일부만 온전한 상태로 무너짐

▣ 재건축된 현재의 교회는 에곤 아이어만(Egon Eiermann)이 설계했으며 현재 지름 35m, 높이 20.5m로 1,000명 이상의 사람들을 수용할 수 있음

▣ 국민들에게 전쟁의 잔혹함을 일깨워 주기 위해 폭격 당시의 종탑을 보존하고 있으며 독특한 외관으로 '립스틱과 파우더 박스'라는 별명이 있음

▣ 교회 내부에는 가브리엘 루아르(Gabriel Loire)가 디자인한 스테인드 글라스가 있으며 5,000개의 파이프로 이루어진 오르간이 있음

• 거리에서 바라본 카이저 빌헬름 교회

• 카이저 빌헬름 기념 교회

9. 알렉산더 광장

소설 《알렉산더 광장》의 주요 배경이 되는 장소

▣ Alexanderplatz. 미테구에 위치한 광장으로 베를린 성당과 붉은 시청이 근처에 있으며 슈프레강을 앞에 두고 있음

▣ 통일 이전 동베를린의 중심지로 1805년 러시아 황제 알렉산드로 1세가 베를린을 방문한 것을 기념해서 명명함

▣ 1929년 알프레드 되블린(Alftred Doeblin)의 소설 《베를린, 알렉산더 광장(Berlin Alexanderplatz)》의 무대

※ 소설 〈베를린, 알렉산더 광장〉

- 독일의 정신과 의사이자 소설가인 알프레드 되블린의 작품으로 무정부주의로 혼란스럽던 1920년대 말의 베를린을 표현하고 있음. 작품의 주인공은 '프란츠 비버코프'로 작중 소시민으로 비치며 악역으로 등장하는 자신의 친구 '라인홀트'와의 관계와 다양한 사건을 풀어 당시의 삶을 얘기해 줌. 당시의 베를린과 독일의 모습을 보여 줌으로써 독일 현대문학의 이정표를 세웠다는 평을 들음

• 알렉산더 광장 전경

10. 만국 시계

알렌산더 광장의 원통형 세계 시계

- ▣ Weltzeituhr. 알렉산더 광장에 위치한 거대한 시계로 일반적인 시계 형태가 아닌 하나의 원통 모양으로 각 도시별 시간대를 현재 시간으로 보여 줌
- ▣ 시계 위에 있는 태양계의 조각은 1분에 한 번, 강철 고리와 구가 회전하며 이 조각품을 포함하여 시계는 총 10m 높이
- ▣ 1969년 처음 세워졌으며 금속 원형 홀에 전 세계 148개 주요 도시가 있음. 2015년 7월 독일 정부가 시계를 문화적 중요 기념비로 선언함
- ▣ 시계는 에리히 존(Erich John)이 디자인했는데, 그는 당시 알렉산더 광장 기획단의 직원이었고 쿤스트호크슐레 베를린-바이센세(Kunsthochschule Berlin-Weißensee) 미술 및 응용 대학에서 강의 중이었음
- ▣ 제작은 조각가 한스 요하임 쿤시(Hans Joachim Kunsch)를 포함한 120명 이상의 기술자들이 모여서 했음
- ▣ 1970년부터 베를린 시위 현장이자 베를린 시민들의 약속 장소로 이용됨

• 알렉산더 광장의 만국 시계 출처: www.shutterstock.com

11. 베를린 장벽 기념관

장벽이 가진 역사 그대로를 간직한 기념관

- ▣ Memorial of the Berlin Wall. 베를린 장벽의 모습 그대로를 보존하고 있는 기념관으로 약 60m 길이의 장벽을 보존하고 있음
- ▣ 동서 베를린 사이의 무인 지대를 완벽하게 표현했으며 화해의 예배당(Chapel of Reconciliation), 베를린 장벽 자료 기념관, 장벽 추모지 등이 있음
- ▣ 화해의 예배당은 과거 많은 탈주자들이 희생되었던 곳으로 교회 건물을 이용하여 탈주자들이 탈출을 감행하자 당시 동독 국경수비대가 교회를 파괴함
- ▣ 파괴 이후 희생된 사람들을 추모하기 위해 현재의 예배당이 만들어짐
- ▣ 1999년 10주년 기념식은 화해의 예배당에서 거행되었으며 25주년 기념행사에는 미셸 오바마(Michelle Obama)가 참석함

• 보존된 베를린 장벽

12. 유대인 추모 기념관

희생된 유대인들을 기념하기 위한 박물관

▣ Judisches Museum Berlin. 2001년 개관한 박물관으로 건축가 다니엘 리베스킨트(Daniel Libeskind)가 설계했으며 추모의 의미를 담은 공간이 지그재그 형태로 구성된 것이 특징

▣ 과거 베를린 장벽이 있었던 자리에 위치하고 있으며 유대인의 문화와 역사를 보여 주고 독일과의 관계를 알려 줌

▣ 대표적인 예술품인 〈낙엽(Fallen Leaves)〉은 이스라엘 아티스트 메나시 카디시먼(Menashe Kadishman)의 작품으로 학살된 유대인의 얼굴을 상징하는 철판이 바닥에 깔려 있는 것이 특징

▣ 여러 가지 공간으로 구성되어 있으며 그 중 '홀로코스트 타워(Holocaust Tower)'는 별실처럼 꾸며진 빈 공간에 24m 높이에서 빛줄기가 내려오는 곳으로 인공 조명과 난방이 없어 들어가면 순간적인 어둠과 침묵을 느낄 수 있음

• 유대인 추모 기념관 전경

• 메나시 카디시먼, 〈낙엽〉

• 홀로코스트 타워 출처: 플리커 – Dominic Simpson

13. 유대인 학살 추모 공원

나치 정권에 희생된 유대인을 기리기 위한 추모 공원

▣ Memorial to the Murdered Jews of Europe. 과거 제2차 세계대전 당시 나치 정권에 희생된 유대인을 기리기 위한 추모 공원

▣ 1988년 베를린에 유대인 기념비가 필요하다는 사실이 공론화된 후 1994년 여러 가지 이유로 무산되었다가 1999년 국회 동의 후 건설 승인됨

▣ 2000년 1월 착공 축하 행사로 시작하여 2004년 12월 15일 마지막 관을 매장하면서 완공됨

▣ 2005년 봄부터 개장했으며 무릎 높이부터 4.7m 높이까지 다양한 높이의 조형물 2,711개가 비치되어 있음

▣ 비석이자 관을 상징하는 미로 같은 구조물이 특징이며 유대인의 희생을 기리는 조형물인 만큼 그 위에 올라가거나 앉는 것은 굉장히 무례한 행동으로 금지됨

▣ 설계자는 미국 건축가 피터 아이젠먼(Peter Eisenman)이며, 지하에는 홀로코스트 정보 센터가 있어 당시 희생자의 이름이나 자료들을 전시함

• 유대인 학살 추모 공원 조형물

14. 토포그래피 오브 테러

과거 나치의 만행을 기록한 기록 박물관

- Topography of Terror. 베를린 크로이츠베르크의 니더키르히너(Niederkirchner) 거리에 있는 야외 박물관
- 독일 나치 정권 시절의 참상을 기억하고 나치의 만행을 철저히 규명하기 위한 자료들을 전시하고 있음
- 1933년부터 1945년까지 나치 비밀경찰 게슈타포 사령부 건물과 히틀러 친위대였던 SS의 본부로 사용한 건물에 위치하고 있음
- 박물관 가는 길에는 당시 게슈타포 수장이었던 인물들의 사진과 건물들이 정리되어 있음
- 베를린 장벽 옆에 서 있으며 베를린 장벽보다 아랫부분의 건물 흔적은 당시 게슈타포 본부 건물의 흔적
- 1987년 베를린 750주년 기념으로 첫 번째 전시회를 시작했으며 독일 통일 이후 1992년 본격적으로 박물관으로 사용하기 위해 재단이 설립됨

• 토포그래피 오브 테러 내부

• 과거 나치의 만행을 찍은 사진

Bosshammer (Name) | Friedrich Robert (Vorname) | IV A 4 a (Dienststelle)

geboren am: 20.12.1906
in: Opladen/Rheinland
verst. am:
in:
SS-Obersturmbannführer
(letzter bekannter Dienstgrad)

Wohnung:
Solingen-Wald, Kärntner Str. 13 (NW)

DC-Anfrage am : 10.6.1963
zu den Akten am:
DC-Anfragen anderer Dienststellen:
7.2.63 Ludwigsburg

Quelle: Seidel-Aufstellung

Andere Vorgänge:
StA Dortmund AZ. 45 Js 12/63 (N)
StA Frankfurt 4 Js 1017/59 ./. Krumey (BW)
ZSt. 8 AR 71/63 (BW)

Bemerkungen:
Nov. 1943 Angehöriger von IV A 4 a, war in IV B 4 und IV A 4, seit 15.1.1942 bearbeitete er das Aufgabengebiet "Vorbereitung der europäischen Lösung der Judenfrage in pol.Hinsich. Dies ergibt sich aus DC-Unterlagen. Siernach war B.bestrebt, die Planung zu verwirklichen (Kartei der Z.St.)
Ab 1943 BdS Italien (BW)

• 유대인의 인적 사항

15. 베를린 타워

베를린에서 가장 높은 건축물

▣ Berlin Tower. 베를린에 위치한 방송탑으로 미테구 알렉산더 광장과 가깝게 위치하고 있고 368m의 높이로 베를린에서 가장 높은 건축물

▣ 1965년부터 1969년에 걸쳐 건설되었으며 전망대는 203m, 레스토랑은 207m에 위치하고 있음

▣ 동독 정부가 서베를린에서도 보이도록 선전용 구조물 겸 방송 송신탑으로 지었으며 햇빛이 비치면 스테인리스 돔에 생기는 십자가 모양으로 인하여 '교황의 복수'라는 별칭이 붙었으며 이것은 당시 동독이 사회주의 국가와 마찬가지로 가톨릭을 포함한 종교들을 탄압했기 때문임

▣ 전망대가 높게 위치해 있기 때문에 날씨가 좋으면 시내 및 일부 외곽 지역까지 볼 수 있음

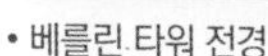

• 베를린 타워 전경

출처: www.shutterstock.com

16. 장벽 공원

분단의 상처를 공원과 벼룩시장으로

- ▣ Mauerpark. 베를린 장벽이 지나갔던 경로를 따라 길게 이어져 있는 선형으로 형성된 공원으로 매주 일요일에 베를린에서 가장 큰 벼룩시장이 열림
- ▣ 과거 베를린 장벽이 위치해 있던 곳으로 쓰레기 하치장으로 방치되어 있다가 통일 이후 1994년 공원과 벼룩시장으로 재생됨
- ▣ 공원 농구장 바로 맞은편에 원형 무대 공간이 있는데 이곳에서는 비공식 노래 대회가 개최됨
- ▣ 가장 큰 벼룩시장답게 품목 또한 굉장히 다양하며 가구, 인테리어 소품 등 다양한 중고 매물이 나옴

• 장벽 공원 전경

17. 베를린 전승 기념탑

승리를 기념하는 베를린의 전승 기념탑

- ▣ Berliner Siegessäule. 티어가르텐 중앙부에 위치한 67m 높이의 석조탑
- ▣ 프로이센 왕국의 '제2차 슐레스비히 전쟁'의 승리를 기념하면서 1864년 건설을 시작하여 1872년 완공되었으며 이후에 발발하는 '프로이센-오스트리아 전쟁(1866년)', '프로이센-프랑스 전쟁(1870~1871년)'의 승리도 기념함
- ▣ 탑 내부에는 정상의 전망대를 향해 285개의 나선형 계단이 설치되어 있으며 초기에는 국회의사당 앞의 광장에 위치했지만 1939년 히틀러의 게르마니아 계획 실현으로 인해 현재의 위치로 옮겨짐
- ▣ 제2차 세계대전 베를린 시가지전에서 병사들이 이 전승 기념탑에서 싸웠으며 광장의 돌에는 탄 흔적이나 총격 및 포격의 탄흔을 볼 수 있음
- ▣ 탑의 꼭대기에는 황금색의 천사상이 있으며 이는 승리의 여신 빅토리아를 표현한 것으로 프리드리히 드리케(Friedrich Drike)가 조각함
- ▣ 2008년 7월 24일 버락 오바마(Barack Obama) 대통령이 브란덴부르크 문을 대신하여 이곳에서 베를린 시민 20만 명에게 연설했음

• 베를린 전승 기념탑 전경

18. 두스만 다스 쿨투어카우프하우스

문화를 사랑하는 베를린의 대표적인 문화 백화점

▣ 두스만 다스(Dussmann das)는 베를린의 중심부인 프리드리히슈트라세에 위치해 있는 대형 문화 백화점으로 1997년 개관하여 다양한 책, 음악, 영화 등을 판매하여 문화와 예술을 사랑하는 사람들에게 문화적 허브의 역할을 하고 있음

▣ 두스만 다스 쿨투어카우프하우스(Dussmann das KulturKaufhaus)는 두스만 다스 5층에 위치해 있는 베를린에서 가장 큰 서점 중 하나로 다양한 장르의 책을 판매하고 있으며 책, 음악, 영화, 오디오북, 문구류, 악보 등을 선보이면서 광범위한 문화 선택과 다양한 서비스를 제공하고 있음

▣ 두스만 다스 쿨투어카우프하우스에서는 정기적으로 작가 사인회, 독서 모

• 두스만 다스 쿨투어카우프하우스 실내 전경 출처: www.kulturkaufhaus.de

임, 음악 공연 등의 다양한 문화 행사가 개최되며 방문 전 공식 웹사이트에서 이벤트 관련 일정을 확인할 수 있음

▣ 현대적이고 세련된 디자인으로 쾌적한 쇼핑 환경을 제공하고, 넓은 공간을 아동 서적 코너, 클래식 음악 코너 등 다양한 테마별 구역으로 나누어 실용적인 동선을 자랑하며, 긴 운영 시간으로 다양한 상품을 여유롭게 둘러볼 수 있음

▣ 문화를 사랑하는 베를린에서 가장 대표적인 문화 백화점으로 사랑받고 있는 두스만 다스 쿨투어카우프하우스는 아날로그와 디지털을 뛰어넘은 다양성과 풍부한 문화적 요소로 약 1,050만 개의 제품을 판매하고 있으며 넓고 편안한 쇼핑 환경, 카페 및 레스토랑, 우수한 서비스로 지역 주민뿐만 아니라 방문객들에게도 인기 있는 장소임

19. 베를린 몰

전쟁의 역사를 가진 베를린의 대형 쇼핑몰

1. 개요

- Berkin mall. 베를린 중심부인 라이프치커 플라츠에 위치한 대형 쇼핑몰. 2014년 9월에 개장한 독일에서 가장 큰 쇼핑몰 중 하나로 약 300개의 매장과 다양한 스낵바, 레스토랑 및 편의 시설을 갖추고 있어 현지인과 관광객 모두에게 인기 있는 쇼핑 명소임
- 4층으로 구성된 베를린 몰의 쇼핑 구역은 7만 6,000m²에 달하며 쇼핑몰 중앙에 위치한 '피아차(Piazza)'는 넓고 개방된 공간으로 설계되었고, 대형 유리 천장과 넓은 통로가 특징인 베를린 몰의 중심 공간임
- 베를린 몰은 쇼핑 공간뿐만 아니라 식사 및 엔터테인먼트, 주거 및 사무실 공간도 갖추고 있어 쇼핑몰에만 국한되지 않은 다기능 도시 중심지를 만들었으며 도심 중심에 위치해 있어 접근성이 좋고 다양한 편의 시설이 있어 고품질의 쇼핑 환경을 제공하고 있음

• 베른린 몰 전경*

• 베를린 몰의 피아차

2. 역사

▣ 역사적으로 중요한 지역인 라이프치커 플라츠에 위치한 베를린 몰은 과거 19세기부터 20세기 초반까지 베를린에서 가장 크고 유명했던 베르트하임 백화점(Wertheim department store)이 있던 곳으로 1987년에 개장하여 베를린의 대표적인 랜드마크가 되었음

▣ 베르트하임 백화점은 제2차 세계대전 때 파괴되었으나 전후에 독일이 분단되면서 동서 베를린의 경계에 위치하게 되어 복잡한 소유권 문제를 포함한 여러 문제를 겪으며 40년 동안 재건되지 못한 채로 남아 있게 됨

▣ 이후 베를린 장벽이 붕괴되면서 베를린시는 베르트하임 백화점 부지를 재개발하기로 결정했고, 여러 명의 건축가와 디자이너 팀이 참여하여 베르트하임 백화점의 역사적 의미와 옛 모습을 일부 보존하면서 현대적으로 탈바꿈하는 데 중점을 둬 현재의 베를린 몰이 탄생했음

▣ 베를린 몰은 단순 쇼핑몰을 넘어 베를린의 문화와 역사적 요소가 담겨 있는 공간으로 베를린의 중요한 상업 및 문화의 중심지 역할을 해 나가고 있음

20. 카페 카말레온

스페인 신발 브랜드 캠퍼의 라이프 스타일을 반영한 카페

- Cafe Camaleon. 베를린의 미테 지구에 위치해 있는 카페. 스페인 신발 브랜드인 캠퍼(Camper)사의 라이프스타일을 반영한 카페로 고객에게 독특한 경험을 제공하려는 캠퍼의 철학이 담김
- 네덜란드 설계회사인 MVRDV가 설계했으며 독특한 인테리어의 매장에서 고품질의 원두를 사용한 여러 종류의 커피와 티, 다양한 디저트와 브런치 등의 음식을 즐길 수 있는 장소로 카말레온이라는 이름에 걸맞게 다채로운 색상을 활용한 벽면 인테리어와 여러 스타일의 가구가 어우러져 독창적인 디자인을 자랑하고 매장 내에는 지역 예술가들의 작품이 전시되어 있어 갤러리 공간으로 활용하기도 하며 종종 다양한 전시회를 개최하여 지역 주민들과 방문객들에게 문화 참여의 기회를 제공함
- 카사 캠퍼 베를린(Casa Camper Berlin)이라는 현대적이고 세련된 디자인 부티크 호텔(51개 룸)을 운영함

• 카사 캠퍼 베를린 출처: www.mvrdv.com

• 카페 카말레온 내부 출처: www.mvrdv.com

21. 총리 관저

독일의 총리 관저

- ▣ Bundeskanzleramt. 2001년 5월 완공되었으며 총 8층으로 된 세계 최대 규모의 집무처이며 부속 건물까지 합하면 백악관의 8배 규모에 달함
- ▣ 베를린 건축가 악셀 슐테스(Axel Schultes)와 샤를로테 프랑크(Charlotte Frank)가 설계했으며 총면적 6만 4,413m²으로 광대한 넓이를 자랑하며 건설 비용은 3억 9,000만 유로에 달함
- ▣ 각각의 층은 다양한 기능을 수행하며 1층에는 기자회견실, 2~3층에는 주방, 냉장고 등 기술실, 4층에는 위기관리센터, 5층에는 연회장 및 총리실, 6층에는 통역사 부스가 있는 캐비넷 홀, 7층에는 수상 사무실, 8층에는 수상 아파트 거실 및 문화부 장관 집무실이 있음

• 총리 관저 전경

22. 대통령 관저

독일의 대통령 관저

- Schloss Bellevue. 벨뷔 궁전. 역대 독일 대통령들의 관저로 이용되던 곳이었으며 1785년 8월 아우구스트 페르디난트(August Ferdinand) 프러시아 왕자가 건축을 의뢰하여 2년 뒤 1787년 완공된 건물
- 궁전의 건축 양식에 대해 논의가 많았으나 초기 신고전주의 건축물로 분류됨
- 1930년대 중반까지 민족학 박물관으로 사용되었으며 나치 집권 시절에는 게스트하우스로 사용되었음
- 제2차 세계대전 당시 폭격으로 훼손되어 1950년대 재건되었음
- 일반인에게 공개되지 않았지만 낮은 철창 정도만 설치되어 있어 건물 앞에서 사진을 찍거나 앞까지 다가갈 수 있음

• 벨뷔 궁전 전경

출처: www.shutterstock.com

23. 세계 문화의 집

세계 문화의 교류를 위한 장

▣ Haus der Kulturen der Welt. 1988년 설립되었으며 미술, 연극, 무용 등 다양한 예술 분야에서 비유럽 국가들의 예술 문화를 소개하며 유럽과 비유럽국 간의 문화 교류 증진을 목표로 함

▣ 티어가르텐 근처에 위치한 대회의장(Kongresshalle) 건물은 벤자민 프랭클린 재단이 후원하였으며 미국 건축가 휴 스터빈(Hugh Stubbins)이 설계하여 1957년 개관함

▣ 대회의장 건물은 미국 정부가 개관과 동시에 베를린시에 기증했으며 2006년부터 2007년 8월까지 내부 공사 이후 건물 설립 50주년인 2007년 재개관함

▣ 입구 밖에 있는 헨리 무어(Henry Moore)의 조각품 〈나누어진 커다란 타원: 나비(Large Divided Oval: Butterfly, 1985~1986)〉는 9톤에 달하는데, 원형 유역의 중심에 위치해 있고 2010년 환경 오염과 훼손으로 인하여 재복원됨

• 세계 문화의 집 전경

출처: www.shutterstock.com

24. 카우프하우스 데스 베스텐스

독일에서 가장 큰 백화점

▣ Kaufhaus des Westens. 1907년 아돌프 얀도르프(Adolf Jandorf)가 설립했으며 런던의 해러즈 백화점에 이어 유럽에서 두 번째로 큰 백화점

▣ 카우프하우스 데스 베르텐스를 줄여서 카데베(KaDeWe) 백화점이라 부르기도 함

▣ 1943년 폭격과 화재로 큰 손실이 있었으나 1956년 재개장함

▣ 1994년 카라슈타트(Karastadt) 그룹이 헤르티 그룹(Hertie Group)을 인수했으나 2015년 태국 자본의 국제 백화점 센트럴 그룹(Central Group)이 인수함

▣ 건축가 렘 콜하스가 수년 동안 내부를 리모델링하여 백화점을 4개의 다른 구역으로 분리함

▣ 의류·전자제품 쪽은 다소 가격이 비싼 편에 속하고 식품 매장은 매장 중에 특히 규모가 큼

• 카데베 백화점 전경

• 카데베 백화점 내부

• 카데베 백화점 옥상 카페

25. 레오나르도 호텔 베를린 미테

현대적인 감각의 호텔

- ▣ Leonardo Hotel Berlin Mitte. 프리드리히스타(Friedrichstar)역에서 약 200m 거리에 위치한 호텔로 베를린 시내까지 약 2km 정도 떨어진 중앙에 위치함
- ▣ 포츠다머 플라츠, 체크포인트 찰리가 근처에 있으며 베를린 시내 중앙에 위치한 만큼 교통상의 편의가 좋음
- ▣ 디자인은 필리페 스트랙 & 유(Pilippe Strack & Yoo)가 했으며 10층 구조물이 유리와 금속으로 이루어진 독특한 외관을 보임
- ▣ 실내에는 309개의 객실이 있으며 비즈니스 라운지 및 사우나, 헬스장과 같은 다양한 부대시설이 존재함

• 레오나르도 호텔 베를린 미테 전경

26. 베를린 훔볼트 대학교

베를린에서 가장 오래된 대학교

- ▣ Berlin Humboldt University. 베를린에 위치한 대학교 중 가장 오래된 역사를 가지고 있으며 프로이센 왕국의 자유주의적 교육 개혁가이자 언어학자인 빌헬름 폰 훔볼트(Wilhelm Humboldt)에 의해 1810년 창립됨
- ▣ 초창기의 이름은 베를린 대학교였으나 1826년 프리드리히 빌헬름 대학교로 교명을 바꾸었으며 이후 운터덴린덴 대학교로 알려지기도 했지만 1949년 창립자와 그의 형제였던 알렉산더 폰 훔볼트를 기념하기 위해 베를린 훔볼트 대학이라 바꿈
- ▣ 1933년 나치즘 교육의 장이었으며 독일의 패배와 더불어 폐교했으나 1946년 소련이 다시 개교했음
- ▣ 캄푸스 미테(Campus Mitte), 캄푸스 노르트(Campus Nord), 캄푸스 아들러쇼프(Campus Adlershof)의 세 캠퍼스로 구성되어 있으며 법학, 인문학, 신학, 경제학, 의학 등 9개의 학부로 총 3만 2,000명의 학생들이 재학 중임
- ▣ 철학을 중심으로 한 인문학부가 가장 유명하며 역사적으로 카를 마르크스, 쇼펜하우어, 비스마르크와 같은 인물들을 배출함

• 베를린 훔볼트 대학교 전경　　출처: www.shutterstock.com

27. 운터 덴 린덴

18, 19세기 베를린의 거리를 간직한 가로수길

- ▣ Unter den Linden. 베를린의 가로수 길로, 라임 나무의 이름을 따 운터 덴 린덴이라 불림
- ▣ 제2차 세계대전 당시 많이 파괴되었지만 현재는 복원되어 18, 19세기의 베를린 모습을 보여 주고 있으며 거리 한가운데에는 프리드리히 대왕의 기마상이 있음
- ▣ 거리 중앙에 산책로와 벤치가 있으며 브란덴부르크 문에서 베를린 궁전까지 거리로 이어져 있음
- ▣ 파리저 플라츠(Pariser Platz), 아들론 호텔, 베를린 주립 도서관, 베를린 국립 오페라, 베를린 훔볼트 대학교, 독일 역사 박물관, 베를린 황태자궁, 베벨 플라츠(Bebel Platz) 등 다양한 문화유산이 있음

• 운터 덴 린덴 전경

출처: www.shutterstock.com

28. 샤를로텐부르크성

이탈리아 별장의 느낌이 가득한 성

▣ Schloss Charlottenburg. 카를 프리드리히 쉉켈과 황태자 프리드리히가 함께 상수시 공원 남쪽의 정원 저택을 개조하여 샤를로텐호프 궁전으로 변경함
▣ 타일을 깐 지붕과 탑 등 이탈리아의 시골 별장 스타일로 지어졌으며 19세기 회화적 고전주의의 대명사적인 건축물
▣ 궁전의 명칭은 1790~1794년 소유주인 마리아 샤를로테 폰 겐츠코브(Maria Charlotte von Gentzkow)를 기리기 위해 '샤를로텐호프(Charlottenhof)'로 불리게 되었으며 10개 방의 인테리어가 대부분 손상되지 않고 잘 보존되어 있음
▣ 방의 천장과 벽 모두가 파란색과 흰색의 줄무늬 벽지로 도배된 텐트룸으로 손님을 위한 방으로 사용되었음

• 샤를로텐호프 궁전 전경*

29. 베를린 중앙역

하루 30만 명 이상이 이용하는 세계 최대의 역

- ▣ Berlin Hauptbahnhof. 베를린 중앙역으로 과거 베를린 레어터역 자리에 새로 지어진 최대 규모의 철도역. 독일 월드컵 개최 시기에 맞춰 2006년 5월 26일 정식 개장함
- ▣ 장거리 열차 261편, 로컬 열차 326편, S-Bahn, U-Bahn 등이 이용하며 하루 1,000대 이상의 열차들이 중앙역을 통과함
- ▣ 동유럽 국제열차도 있어서 모스크바, 노보시비르스크, 코펜하겐 등으로 가는 러시아 철도 소속 열차도 있음
- ▣ 공사 기간은 11년, 투자 규모는 7억 유로(약 9,145억 원)가 투자되었고 9,117개의 통유리로 설계되어 지하까지 자연채광을 할 수 있음
- ▣ 동서 방향의 열차는 2층, 남북 방향의 열차는 지하 1층에서 탈 수 있으며 총 3층 철도 교차로 방식을 도입했기 때문에 남북 방향 및 동서 방향 철도가 서로 다른 높이에서 교차하게 됨

• 베를린 중앙역 전경

30. 메세 베를린

세계 최대 규모의 가전제품 박람회인 IFA 개최 장소

- ▣ Messe Berlin. 1936~1937년에 건축된 건물로 약 16만m^2의 크기를 자랑하며 26개의 홀로 구성되어 있고 2014년 추가 증축을 통하여 전시 및 회의장인 시티큐브 베를린이 남쪽에 위치하고 있음
- ▣ 주요 건물은 건축가 리하르트 에르미슈(Richard Ermisch)가 건축했으며 2011년 부터 공식적으로 '베를린 엑스포 센터 시티'로 알려짐
- ▣ 매년 9월 개최되는 베를린 국제 가전 박람회(Internationale Funkausstellung; IFA)의 개최지이며 IFA는 1950년부터 2005년까지 베를린에서 격년제로 진행되다 2006년 이후부터는 매년 개최되고 있음

• 메세 베를린 외관

출처: messe-berlin.de

▣ 1924년 처음 시작된 IFA는 독일에서 가장 역사가 오래된 산업전시회 중 하나이며 전 세계의 전자, IT, 가전 등 다양한 제품의 기술을 볼 수 있으며 삼성, 소니, LG, 파나소닉 등 다양한 기업이 참석함

• 메세 베를린 남쪽의 시티큐브 베를린*

• IFA 2019 내부 전시관

출처: b2b.ifa-berlin.com

• IFA 2019 삼성 전시관 출처: news.samsung.com

• IFA 2019 LG 전시관 출처: lg.com

5

포츠담

1. 포츠담 개요

면적	187.27km^2
인구	18만 7,310명(2023년)
인구밀도	990명/km^2
위치 (독일 브란데부르크 주)	

■ 독일의 수도 베를린에서 남서쪽으로 25km 떨어진 곳, 하펠강(Havel R.) 위치

■ 면적의 25%만이 도시 지역이고 녹지대가 대부분임. 하펠강을 포함한 20개의 호수와 강이 있음

■ 1918년까지 프로이센 왕의 거주 지역, 19세기부터 독일 학문의 중심지
■ 제2차 세계대전 이후 체칠리엔호프 궁전(Schloss Cecilienhof)에서 포츠담 회담 개최
■ 섬유, 화학, 제약 공업이 발달
■ 1990, 1992년 베를린과 함께 유네스코 세계문화유산 등록. 도시 근교에 독일에서 가장 큰 세계문화유산 지역인 상수시 궁과 상수시 공원이 있음

2. 관광 명소

1) 글리니케 다리

- Glienicker Brücke. 독일 하펠강 위에 있는 다리로 이름은 근처의 글리니케 궁전에서 따온 것
- 1962년 소련에 억류 중이던 '프랜시스 게리 파워스(Francis Gary Powers)'와 미국에 억류 중이던 KGB 요원 '루돌프 아벨'을 이 다리에서 교환한 것이 대표적임
- 냉전 시대 여러 차례 동서 양방이 간첩 교환 장소로 사용해 '간첩의 다리(Bridge of Spies)'라는 별명이 붙음

• 글리니케 다리 전경

2) 상수시 궁

- Schloss Sanssouci. 프로이센 왕 프리드리히 2세의 여름 궁전으로, 공원 중앙부 언덕 꼭대기에 위치
- 큰 단층 빌라로 프로이센의 건축가 게오르크 벤체슬라우스 폰 크노벨스도르프(Georg Wenzeslaus von Knobelsdorff)에 의해 1745년에서 1747년에 걸쳐 건립됨
- 베르사유 궁전과 자주 비교되며, 베르사유 궁전보다 더 로코코 양식에 가까우며, 특히 내부가 프리드리히 2세의 취향에 맞추어져 '프리드리히 로코코 양식'이라고 불리기도 함
- 프랑스어로 '상수시(sans souci)'는 '걱정 근심이 없음'을 의미

• 상수시 궁 전경

• 상수시 궁 외관

• 상수시 궁 내부

3) 나치 빌라

- Wannsee-the House of Wannsee conference. 현재 박물관으로 제2차 세계 대전 당시 나치 고위간부들의 회의 장소가 고스란히 잘 보전되어 있음
- 반제 회의(Wannsee conference)라 하여, 나치 독일 정권 상급 관리의 모임으로 1942년 1월 20일에 반제의 베를린 교외에서 개최됨
- 유대인에 관련한 각종의 정책들에 대한 회의로, 유럽의 유대인 추방을 위한 회의가 주로 진행되었음
- 반제 회의에서 하이드리히는 일단 유대인들을 총독부로 실어오기만 하면 그 뒤 죽이는 것은 친위대 소관이라 강조하며 '박멸될 대상으로 규정된 유대인이 누구인지? 어떻게 정의할 것인지?'를 주요 의제로 논의함
- 나치 빌라는 1914년 건립되어 1940년 SS(히틀러 친위대)에 의해 매입되어 회의 센터로 사용되었음

• 나치 빌라 외관

• 내부 전시관에 보관되어 있는 다양한 자료들

• 건물 내부에 전시되어 있는 자료들

6

함부르크의 도시 재생 및 개발 정책과 현황

1. 함부르크 개황

1) 개요

면적	755km²(독일 총면적의 0.2%)
인구	191만 160명(2023년)
위치 (독일 북부)	
기후	서안 해양성 기후

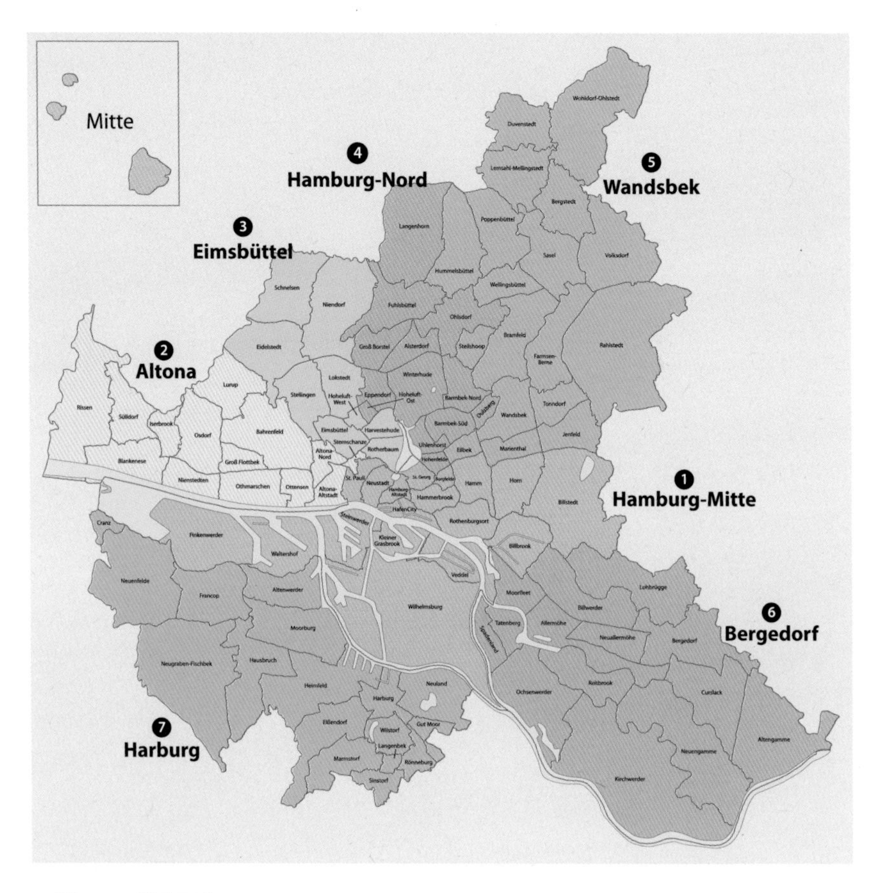

▪ 함부르크 행정구역

번호	행정구역
1	함부르크 미테(Hamburg-Mitte)
2	알토나(Altona)
3	아임스뷔텔(Eimsbüttel)
4	함부르크 노르트(Hamburg-Nord)
5	반스배크(Wandsbek)
6	베르게도르프(Bergedorf)
7	하르부르크(Harburg)

▣ 도시 주요 특성

- 글로벌 물류, 산업 중심, 창작·스타트업, 재생의 도시
- 산업 물류의 도시, 독일 제1의 항구 도시, 세계의 중심적 글로벌 창조 도시
- 복합적 토지, 지속가능 저밀도 이용 도시
- 수변 공간을 적극적으로 통합한 계획
- 환경 지향적 개발(난방 에너지, 교통, 동선)
- 과거와 현재를 융합하여 지속 발전 가능 도시로 만듦
- 역사, 스타트업, 예술, 디자인, 문화, 컬리너리 헤븐(Culinary Heaven) - 창작의 물결 도시
- 창업 열풍의 중심: 스타트업에 적합한 도시로 젊은 창업가들이 모이는 추세
- 브람스와 멘델스존의 고향
- 전시 및 컨퍼런스의 도시
- 유럽의 타 도시에 비해 비교적 젊은 도시(외국 젊은이들에게 개방적, 국제화)

▣ 경제 개황

- 항구업과 무역업에 중심을 두며 함부르크의 하팍로이드사는 세계 해운회사 중 2위
- 최근의 추세는 정보산업 쪽으로 흘러가고 있으며, 함부르크는 독일 언론의 중심지로서 현재, 3,300개가량의 정보 산업체를 보유
- 함부르크에 기반을 둔 슈피겔, 슈테른, 차이트 등 독일의 유명한 언론사의 주간지를 독일인 대부분이 구독하고 있다고 보아도 무방
- 함부르크에 본사를 두고 있는 유명 기업으로는 하팍로이드, 바이어스도르프, 몽블랑, 바우어그룹, 오토사, 치보사, 피터돌레사 등
- GDP: 1,505억 7,000만 유로

▣ 주요 교통편

① 도로

- 함부르크는 4개의 아우토반(고속도로)과 스칸디나비아 노선의 철도 교차점과 연결된 주요 교통 허브

- 엘브 터널과 같이 북부와 남부를 연결하는 터널은 관광지로도 꼽힘

② 공항

- 함부르크 공항은 중심가에서 약 9km 떨어진 북쪽에 위치
- 1911년 건설되었으며, 독일에서 운행 중인 가장 오래된 공항 중 하나
- 연간 이용객 수 약 1,700만 명, 운항 횟수 16만 1,000회

▣ 함부르크 약사

연도	역사 내용
810	카를 대제가 교회를 건립했으며 교회 수호를 위하여 알스터강, 엘베강이 합류하는 지점에 '하마부르크'라는 성을 세움
12C	무역 상인의 도시로 발전
1189	프리드리히 1세 바르바로사 황제가 특별 무역 지역으로 지정함
1241	한자 동맹 구성
1284	함부르크 대화재 발생
1350	흑사병 창궐
1421	뤼베크와 방위 조약을 체결함으로써 한자 동맹의 기초를 다짐
13~14C	발트해와 북해 교역을 장악한 한자 동맹의 핵심 도시로 발전
1558	런던, 암스테르담에 이어 함부르크 주식 시장이 설립됨
1619	함부르크 은행 설립
1810	나폴레옹 군대에 의해 프랑스에 병합됨
1815	비엔나 총회를 통해 함부르크, 브레멘, 프랑크푸르트 등과 더불어 '자유도시' 선정
1842	함부르크 대화재 발생으로 도시의 1/3이 파괴됨
1860	교회와 국가의 분리 확립 및 민주 헌법 채택
1871	함부르크 독일 제국과의 합병 및 자치령 유지
1892	콜레라 창궐
20C 초	아프리카 및 아시아 무역 교류 확대, 도시 인구 100만여 명으로 증가
1914~18	제1차 세계대전 당시 많은 청년들의 사망과 더불어 무역로를 상실함
1939~45	제2차 세계대전 당시 유대인의 학살 비극이 일어난 곳이며 독일 경제의 중심지인 만큼 집중적으로 폭격당함
1945~49	전후 4년간 영국에 점령당한 뒤 서독에 합류함
1960~62	영국의 록밴드 비틀즈가 함부르크에서 활동함
2008	하펜시티 완공
2017	G20 정상회담 개최

2) 함부르크 주요 산업·기업

▣ 물류 산업

- 북해와 발트해 사이에 백 년 이상 된 전통을 지닌 항구로서 내륙 항구와 해양 항구들로 조직된 시스템을 통해 북유럽 지역 물류 이동의 허브
- 북유럽 지역의 철도교통 요충지이자 선박, 철도, 도로를 겸비함

▣ 항공 산업

- 민간 항공 산업 분야에서 미국, 캐나다 항공 클러스터와 함께 세계에서 가장 중요한 입지를 차지함
- 함부르크는 세계에서 세 번째로 큰 민간 항공 산업의 소재지로 약 4만 명 이상이 항공 산업에 종사하고 있음
- 에어버스(Airbus) 및 루프트한자 테크닉사(Lufthansa Technik) 등 다양한 기관이 함부르크에 소재하고 있음

▣ 해양 경제 산업

- 글로벌 해상 운행, 선박 제조, 선박 정비, 해양 경제와 해양 물류 이동 등의 분야에서 선도적인 위치를 차지함
- 함부르크에는 현재 세계적인 해양 교육 시설 및 연구 기관이 위치하고 있음
- 북독일에는 3,700여 개의 업체, 약 14만여 명이 해양 경제 분야에서 활동하고 있음

▣ 바이오 산업

- 함부르크에는 영상 진단 및 수술 기술, 활성제 연구, 분자 진단 등의 연구 분야를 가진 중소기업 약 300여 개가 소재하고 있음

▣ 신재생에너지 산업

- 신재생에너지 전 분야를 통틀어 약 1,500여 개 이상의 회사가 함부르크와 인근 지역에 소재하고 있으며 이중 절반 이상이 함부르크 시내에 위치함
- 코너지(Conergy), 볼트워크(Voltwerk), 벨루스(Velux)와 같은 회사들이 소재함

▣ 함부르크 주요 기업

분야	기업명
항공 산업	Airbus
	Lufthansa Technik
해양 산업	Germanischer Lloyd
	Bureau Veritas
	Bureau Veritas Norway
신재생에너지 산업	General Electric
	Mitsubishi Power Systems Europe
	Siemens
	Suzlon
	Vestas

3) 함부르크에 살아야 하는 이유

• 함부르크 전경

▣ 영국 FT 함부르크에 살아야 하는 5가지 이유(2018년 4월 8일자)

(1) 아름다운 호수 옆 생화 여건(Lakeside love)

- 함부르크의 중심부에 위치한 알스터 호수는 다양한 레저 스포츠의 허브 역할을 함
- 겨울에 알스터 호수가 언 뒤에는 알스터 호수의 위치에 150개 가량의 노점이 있는 알스테리즈베르그누겐(Alstereisvergnügen) 민속 축제가 열림
- 1968년 이후 매년 5월 벚꽃이 필 시기에 호숫가에서 불꽃놀이가 개최됨

(2) 창업 천국(Start-up hub)

- 베를린과 더불어 스타트업의 허브로 발돋움하고 있으며 2017년 함부르크의 스타트업은 독일재건은행(KfW) 조사 결과 1인당 창업자 수에서 베를린을 앞섬
- 구글, 페이스북, 프리넷, 싱(Xing)과 같은 대형 기술회사가 위치해 있으며 미디어, E커머스(E-commerce), 물류와 관련된 다양한 회사들이 위치함

(3) 무역 항구(Port life)

- 유럽에서 두 번째로 큰 항구를 자랑하며 세계 각국의 상품과 무역이 활발하게 이루어지고 있음

(4) 문화 예술 중심지(Live music legacy)

- 1960년대 함부르크 리퍼반(Reeperbahn) 지역에서 전설적인 밴드 비틀즈가 성장함
- 비틀즈를 시작으로 펑크, 메탈, 일렉트로 등 다양한 음악이 발전했음
- 엘브필하모니의 개장으로 함부르크에서는 문화예술 공연을 더욱더 쉽게 접할 수 있으며 이뿐 아니라 다양한 예술 공간이 존재함

(5) 잘 발달된 교통망(Get connected)

- 도시가 유기적으로 잘 연결되어 있으며, 함부르크 시내에는 2,500개가량의 다리가 있고 엘브 터널을 이용하여 강 지하를 횡단할 수 있음
- 함부르크 국제 공항은 도시의 중심부에서 10km 내에 위치하고 있음

2. 함부르크 도시 재생

1) 함부르크 도시 개발 역사

▣ 9세기

- 811년 카를 대제가 교통이 매우 편리하고, 알스터강이 엘베강으로 합류하는 지점에 슬라브족을 격퇴하기 위한 함부르크 성과 교회 건설을 명령함

▣ 12~13세기 - 무역 상인의 도시로 발전

- 1189년 프리드리히 1세 바르바로사 황제가 무역 지역에 대한 특별 면세 권한을 부여했으며 이는 함부르크 성장과 부를 위한 초석이 됨

▣ 13~14세기 - 한자 동맹 및 도시 화재와 흑사병의 창궐

- 한자 동맹의 핵심 도시로서 발트해 및 북해의 교역을 장악했음
- 1284년 함부르크 내 하나의 주거지를 제외한 모든 집이 화재로 인해 파괴됨
- 1350년 흑사병으로 도시 인구의 약 절반인 6,000명이 사망함

※ 한자 동맹(Hanseatic League)

- 14세기 중반에 라인강으로부터 북해, 발트해 연안에 위치한 독일의 여러 도시가 뤼벡을 중심으로 결성한 도시 동맹
- 해상 교통 및 상업 활동의 안전, 상권 확장을 위해 힘썼으며 16세기 후반 종교전쟁으로 인해 네덜란드 상인들이 함부르크에 합류하게 되어 국제무역의 중심지로 변모하게 됨
- 한자 동맹은 탄력적인 운영을 통하여 도시의 수를 조정했으며 흔히 '한자의 도시 77'이라 표현하지만 100개의 가입 도시가 넘은 적도 있음
- 한자 동맹의 4대 도시는 브레멘, 함부르크, 쾰른, 뤼벡을 꼽음
- 나폴레옹 몰락 후 함부르크는 독일연방을 구성하게 되었으며 1819년 비엔나 총회 이후 '자유 한자도시 함부르크(HH)'라 불림

▣ 16~19세기 - 근대화 민주 자유체제 및 세계적 무역도시 기반 구축

- 주식시장은 1558년, 은행은 1619년에 설립되었으며 1810년 나폴레옹 군대에 의해 프랑스 제국으로 병합되었음
- 1815년 비엔나 총회의 결과에 따라 함부르크는 '자유 도시'로 지정되었음
- 1842년 대화재로 도시의 3분의 1이 파괴되고 약 2만 명의 노숙자가 발생함
- 1892년 엘베의 물로 약 8,600여 명이 사망하는 사건 발생
- 20세기 초 전쟁 및 화재 복구 작업을 신속하게 진행하여 100만 명까지 인구 증가

▣ 제1, 2차 세계대전 - 큰 전쟁으로 인해 피폐해진 도시

- 많은 청년과 유대인들이 죽었으며 전쟁 배상 및 식민지 철수로 인하여 많은 무역로를 상실함
- 오늘날 도시 주변의 많은 슈톨퍼스타인(Stolpersteine: 황동판 보도블럭)은 나치의 억압에 희생된 사람들을 상기하기 위해 제작됨
- 슈톨퍼스타인은 유럽 21개국에 6만 개 이상이 제작되어 있음
- 제2차 세계대전 당시 고모라 평화 작전으로 1945년 5월 연합국이 독일 도시 전역으로 공습하여 총 3만 9,000톤의 폭탄을 떨어뜨림
- 당시 작전으로 주택 55%, 재산의 50%, 산업 지역의 40% 및 항구 지역의 80%가 완전히 파괴됨

• 독일 쾰른 예술가 군터 데밍(Gunter Demning)(왼쪽)*, 스톨퍼스테인(오른쪽)

• 고모라 작전 이후 함부르크 시내 전경*

▣ 1993~2004년 - 현대화 및 도시 재생 프로젝트

- 함부르크시 정부가 항만 및 물류(HHLA)의 자회사인 HSD는 기존에 임대해 주었던 항만 부지를 재구입하여 토지 매립 확장 및 재개발을 시도함
- 1993년 함부르크의 상원과 의회 특별 자산 클래스(SAC)를 만들어 '도시와 항구'라는 개발 목표를 통해 하펜시티(Hafen City)를 기능적으로 개발함으로써 적절한 도시 혼합 및 도심 지구, 항구와의 연계성 개발을 강화함
- 2004년 함부르크시 정부는 HSD를 공개적으로 소유되고 사적으로 관리되는 법인인 하펜시티 함부르크 GmbH(HCH)로 설립

2) 함부르크 근대 도시계획 과정과 워터 프론트 재생

▣ 엘베강 북쪽의 역사적인 워터 프론트를 재생한 첫 번째 조치는 1980년대. '페를렌케텐(Perlenketten)' 또는 진주 목걸이로 알려진 해안선 수변과 통합 도시계획

▣ 많은 토지와 건물을 시에서 수용하여 개발했으며 오래된 창고와 항구의 구조를 전환하고 해안가에 상업 및 주거 건축 건설

▣ 1990년대 이래로 함부르크의 재개발 프로젝트 및 유럽 최대 규모의 프로젝트인 하펜시티 항만 신도시 개발은 항구 기반 시설과 더불어 약 157ha 규모로 25년 이상의 장기 개발로 수립됨

※ 하펜시티 개발 자료 참조

▣ 전략적으로 진행된 도시 재생은 함부르크를 유럽에서 선도적인 위치로 만들어 도시의 글로벌 경쟁력을 향상시키고자 함

- 경쟁력 향상을 위하여 문화예술 및 관광 산업을 각 지역의 성장 필수요소로 판단함

▣ 함부르크를 크루즈 대도시로 승격시키고 도시의 항구 정체성을 강화함

- 창조 도시와 국제 도시 성장을 위한 창업 및 혁신(2017), 유럽 녹색 자본(2011) 및 차세대 독일 트립 어드바이저(Trip-Advisor) 플랫폼(2017) 무역항으로 발전함

3) 함부르크 2030

• 함부르크 2030 플랜

출처: www.hamburg.com

- 함부르크시의 도시 재생 계획을 '수자원을 통한 녹색, 포괄적, 성장의 도시(Green, Inclusive, Growing City by the Water)'라는 주제로 설정함
- 도시화를 통하여 청년 및 인재, 유망한 기업들을 유치하고 다양한 문화 행사 등으로 2030년까지 지속적으로 성장하려는 계획

4) 함부르크 2030의 5가지 목표

(1) 도시 속의 더 많은 도시(More City in the City)

- 도시화를 통해 젊은 청년 및 유망한 기업 유치와 다양한 문화 지속 성장
- '도시 속의 더 많은 도시'라는 모토처럼 새로운 공간을 창조함

① 항구와 호수를 활용하여 매력적인 도시 창조(Hamburg Uses its Maritme Potential)

- 수변의 공원은 파노라마를 계획하며 알스터 호수는 랜드마크의 공원이 됨
- 하펜시티 등 워터 프론트 개발을 통해 주택을 제공하고 5만~7만 명의 일자리를 창출함

② 확장 이전의 내부 개발(Internal Development before Expansion)

- 환경 보존을 침해하지 않는 선에서의 개발
- 도시와 경제, 토지 자원을 절약하는 개발 및 주택, 오피스의 확장

③ 도시의 질을 위한 건축(Hamburg Builds on its Urban Qualities)

- 공간, 사회적, 문화적, 경제적 밀도를 통해 도시성을 발생시킴
- 다양한 이웃들의 혼합을 통하여 공간의 활력을 늘림

④ 공공 공간의 좋은 질을 위한 캠페인(Campaign for Good Quality Open Space)

- 개인 세입자들에 자신들의 정원을 할당하며 주민들을 위한 휴양 공간 설치
- 서트널 공원과 알토나를 중심으로 공립 공원 프로젝트 진행

⑤ 빌헬름 시대의 높이에 맞는 이상적인 건축물(Hamburg's Ideal Building Height is Wilhelminiam)

- 과거 빌헬름 시대의 라이프 스타일이었던 6~7층 높이의 건물을 통해 함부르크의 정체성을 나타냄

(2) 포용하는 도시(The Inclusive City)

① 누구에게나 합리적인 주택 가격(Affordable Homes for Everyone in the City)

- 공급과 별도로 저렴한 가격의 작은 아파트를 대여함

② 이웃간의 관계 강화-교육 투자(Strengthening Neighbourhoods-Investing in

Education)

· 사회적 응집력을 위하여 이웃과 혼합된 인프라를 추구

· 사회 참여 촉진을 위하여 사회 인프라와 교육 인프라에 대한 투자

③ 공공 공간에서의 삶의 질 향상(Better Quality of Life in Public Places)

· 도시의 컴팩트함에 따른 주민이 사용하는 공공 공간 중요시

(3) 녹색 환경 도시(Green and Environment - Friendly City)

① 환경의 질과 삶의 질(Environmental Quality Means Quality of Life)

· 새로운 주거자들과 기존 주거자들 간의 환경에 대한 인식 개선

· 운송 수단의 변경 예로 자동차에서 자전거로

② 이동성-소유에서 사용으로(Mobility-From Owning to Using)

· 지역 열차, 자전거 등 운송 수단의 증가 및 개척

③ 도시 속의 자연 공간(Giving Nature Space in the City)

· 주거 및 교육 공간에서도 자연을 느낄 수 있게 함

· 공공 공간에 대한 녹화와 자신만의 가로수 및 각종 나무 설치

④ 기후의 도전에 직면한 도시(The Rises to the Challenge of Climate)

· 기후 변화에 대한 국제적인 공조 및 보호를 목표로 함

⑤ 함부르크 에너지 순환(Hamburg's Energy Turn around)

· 파워 및 열 생성 회사와 도시 간의 스마트한 유기 연결

(4) 비즈니스 중심지의 도시 개발(Urban Development in the Business Metropolis)

① 금융, 물류, 지식 및 서비스 부문 등 다양한 산업 성장 분야 및 직업의 기회가 있음

② 거대 도시의 교육과 협업 공간(Space for Educatoin and Work places in the Metropolis)

· 응용과학대학, 스타트업 및 연구시설 등이 산재해 있으며 8만 명 이상이 이러한 분야에서 일함

③ 항구와 도시(A City with a Port-A Port with a City)

· 항구 개발을 통해 21세기 상호 의존을 할 수 있는 도시화를 진행

· 항구 택지에 대한 제한의 변화 및 확장성 증가

④ 지역 협업 잠재력(Potential for Regional Cooperation)

· 북부 지방에서 두 번째로 큰 규모의 도시로서 주위 경제 구역과의 협업 가능

⑤ 북유럽 물류 운송의 허브(North European Transport Hubs and Transit Through Hamburg)

· 북부 독일의 운송 허브로서 지역 및 다양한 교통의 단지

· 주요 도로에 대한 수요들을 반영함

(5) 새로운 공간의 개발(Hamburg Opens Up to New Perspective)

① 개방 및 국제적 도시(An Open and International People's City)

· 오랜 역사와 성장하는 도시에 따라 새로운 형태의 공동체 생활 및 젊어지고 더욱 컴팩트해지는 도시의 발전

② 도시 개발과 주택건설(Urban Development and Building New Homes-a Task for the Community)

· 좋은 환경에 설계된 아파트 및 다양한 주택 공급을 통하여 지역 사회의 숙제 해결

③ 새로운 도시, 주거 공간 개발(New Spatial Prospects)

· 하펜시티, 중앙 알토나, 과거 군사지역(Jenfelder Au and Rottiger Kasens), 로텐부르크소트(Rothenburgsort), 함머브룩(Hammerbrook) 등

함부르크의 주요 랜드마크 및 명소

알스터 호수
Alster Lake

문화자유타운
Sternschanze

플란텐 운 블로멘
Planten un blomen

리버브 바이 하드 락 함부르크
REVERB by Hard Rock Hamburg

장크트 파울리
St Pauli

유로파 파사주
Europa Passage

쿤스트할레 함부르크
Kunsthalle Hamburg

장크트 게오르크
St. Georg

작곡가 지구
KomponistenQuartier

비틀즈 광장
Beatles-platz

리퍼반
Reeperbahn

예술 공예 박물관
Museum für Kunst und Gewerbe

함부르크 시청
Rathaus Hamburg

성 마카엘 교회
Hauptkirche St. Michaelis

칠레하우스
Chilehaus

슈파이허슈타트
Speicherstadt

미니아투어 분데어란트
Miniatur Wunderland

도클랜드 오피스
Dockland Office

피슈마르크트
Fischmarkt

엘브 터널
Elb Tunnel

엘브필하모니
Elbphilharmonie

슈타게 시어터 임 하펜
Stage Theater im Hafen

마르코 폴로 타워
Marco Polo Tower

하펜시티
HafenCity

7

함부르크의 주요 랜드마크

1. 하펜시티

함부르크 항만 도시 재생 프로젝트

1. 프로젝트 개요

▣ Hafen City. 통일 독일의 상징적인 도심 재생 사업으로 공공과 민간의 역사·문화를 중심으로 한 복합 개발 프로젝트

▣ 낙후된 항구를 재개발하여 기존 도심을 확장하기 위한 목적. 주거, 문화, 엔터테인먼트, 상업이 혼재된 메트로폴리탄 지구를 통해 연속적이고 장기적으로 도시 경제를 재생하기 위한 프로젝트

▣ 엘베강과 항구에 인접한 입지를 살린 수변 공간 개발 계획

▣ 서로 다른 특성을 지닌 총 10개의 지역에 제각각 다른 용도로의 도시 재생 프로젝트 진행

▣ 전체적으로 고밀도 개발, 6~7층 규모의 건물군을 자랑함

• 하펜시티 전경

구분	내용
위치	Hafen City, Hamburg state, Germany
시행 면적	157ha(지상: 127ha, 수면: 30ha)
주관	하펜시티 유한공사
추진 일정	2001~2025년
용도	함부르크 옛 항만 지역 수변 도시 재생 프로젝트
특징	- Hamburgplan 팀의 우승 디자인을 사용 - 규모나 외형보다는 콘텐츠를 우선시함, 친환경 개념과 건축적 가치의 소규모 건물, 공공 공간에 가치를 둠 - 총 부지의 20~35%가량을 공공 공간으로 개발하며, 약 4만 개의 일자리 창출을 예상하고 있으며, 총예산은 86억 유로

2. 개발 경과

▣ 제2차 세계대전 이후 물류 창고 및 저장고가 70%, 선박 창고 등이 약 90%가량 파괴되었으며, 1960년 현대화 항구 재건 및 1990년까지 그 명맥을 이어 옴

▣ 하펜시티는 홍수 피해에 대한 대책이 없어 주거 구역으로 적합하지 않고, 선박용 창고나 물류 저장 창고 위주로 사용되었음. 이에 1980년부터 하펜시티 재개발 논의가 이루어짐

• 하펜시티 개발구역

▣ 1997년 도시 의회에서 하펜시티 재개발에 대한 구체화가 이루어지고 2000년, 함부르크 상원이 마스터 플랜을 승인함

▣ 2005년 하펜시티 재개발 이후 첫 거주자가 입주했으며, 2010년까지 다양한 랜드마크 건설 및 행정구역이 분리됨

▣ 2010년 하펜시티의 마스터 플랜을 재수립하고 2025~2030년까지 하펜시티 프로젝트 완공 예정

연도	내용
1997	- 도시 의회 하펜시티 구체화
2000	- 함부르크 상원 마스터 플랜 승인 - Kesselhaus 정보센터 개장
2001	- 계획 건축물 시공(Kuhne Logistics University; KLU)
2003	- KLU 완공 - Sandtorkai, Dalmannkai 시공
2007	- 북(北) Uberseequartier 시공 - Elbphilharmonie 시공
2008	- Maritime Museum, Traditional Ship Habor 개장 - 하펜시티, 개별 행정구역 분리
2009	- Sandtorkai, Dalmannakai 완공 - Unliever, Marco-Polo-Tower 완공
2011	- Sandtorpark, Grasbrook 완공 - 북 Uberseequartier, Brooktorkai, Ericus 완공 - 남 Uberseequartier 공사 지연 - Elbtoquartier 시공
2012	- U4 지하철 개통 - Lohsepark, Grasbrookpark 시공
2013	- Grasbrook park, Elbe Arcades 개장 - U4 지하철 Elbbrucken 연장 시공 - Baakenhafen 다리 완공
2014	- Hafen City University 개교 - 서 Strandkai 건축 경쟁 - 남 Uberseequartier 신규 투자자 모집
2015	- Baakenhafen 시공 - 최종 도시계획
2016	- Lohsepark 개장
2017	- Elbphilharmonie 개장 - 남(南) Uberseequartier 시공
2018	- Baakenpark 개장
2025~30	- 하펜시티 프로젝트 완공 예정

3. 개발 내용

■ 마스터 플랜

- 항구와 엘베강 인근 수변 공간 개발 계획
- 함부르크 시청과 베를린과 연결된 고속 운송 라인 설비, 도심 주거 기능 도입, 상업 쇼핑, 업무 환경 조성 및 수변 공간의 친수성 확보
- 2010년 기존의 마스터 플랜이 가진 지하철 연결 문제로 동(東) 하펜시티에 대하여 수정·정립함
- 주거 및 상업 시설 이외에도 무역, 레저, 공원 녹지 시설 설치, 약 4만 5,000개 이상의 직업 생성 예상 및 3만 5,000개 이상의 사무 공간 설치

■ 부지 사용 용도 비율

- 개인 면적: 22ha(총 면적의 1/5)
- 공공 및 도로 면적: 529ha(총 면적의 약 1/2)
- 건축 면적: 347 ha(총 면적의 약 1/3)

■ 총 투자액

- 100억 9,000만 유로(개인 투자: 85억 유로, 공공 투자 24억 유로)

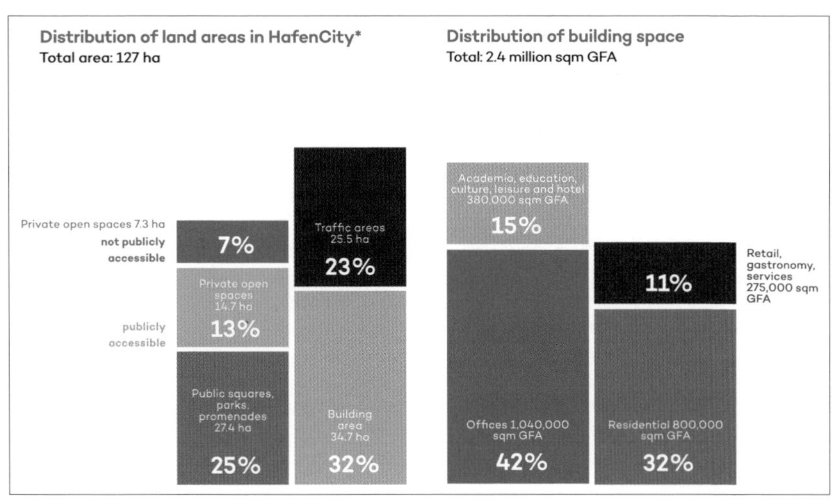

• 하펜시티 개발 개요 그래프

출처: HaftenCity – Themes Quarters Projects.27.03.2017

4. 개발 주체 및 철학

▣ 주 예산과 민간 투자로 함부르크시가 전액 출자한 '특수법인 하펜시티 함부르크 유한공사'에서 모든 계획과 실행을 전담

▣ 하펜시티 유한공사는 토지를 매각하거나 건물을 임대할 때, 가능성 있는 회사 소유주에게 기회를 주는 방법으로 토지 분양을 성공적으로 이끎

▣ 5가지 개발 철학

① 연결성(Connecting) ② 협동성(Collaborating)
③ 변화(Changing) ④ 커뮤니케이션(Communicating)
⑤ 조정성(Controlling)

5. 지구 재생의 특징과 효과

▣ 현대 감각의 디자인 접목

- 항만 내 창고로 사용되던 건물과 항만 시설을 파괴하는 대신 새로운 디자인을 통해 하펜시티만의 역사적이고 독창적인 건축물 탄생
- 크루즈 시설을 제외한 항만들은 과거 시설을 그대로 유지 보수함. 코코아 창고를 개조해 만든 콘서트홀, 창고 건물을 이용해 만든 과학 센터 등이 있음

▣ 시민 홍보

- 산업용 보일러실을 개조하여 시민들에게 상세한 개발 계획 과정과 완공 후 모습을 미니어처로 제작해서 알림
- 낙후된 지역을 상업적 용도가 많은 상업적 복합도시 형태로 재개발해서 문화, 레저, 주거시설 등과 연계된 시너지 효과를 노림

▣ 교통 계획

- 함부르크 도심 지역과 직접 연결하기 위해 수많은 다리 건설
- 자가용 및 자전거 주차장 약 2만 석 조성

- 광역철도, 도시철도, 지하철, 버스 등 대중 교통 시스템 발전

▣ 홍수 예방 계획

- 소방차와 응급차를 위한 고가도로를 건물과 연계
- 최악의 강우 조건을 고려한 수위를 기준으로 기본 대지 조성. 수위 조정

6. 5가지 개발 프로세스

구분	기본 개념	구체화 전략 및 프로젝트
도시 건축	- 수평·수직 혼합 - 대중 네트워크 - 도보 및 순환	- 다양성 창출을 위한 공간 분할 - 1층 사용의 특별성(공공 사용 토지 가격 감소) - 주요 사무실 사용자 우선 순위(투기 개발 감소) - 주택 개발 입찰 방식 - 개념 우선 순위
정체성	- 수변공간 - 공공공간 - 구·신 도시 통합 - 붉은 벽돌 사용	- 일상적 사용 - 문화 활동 - 해양 활동, 크루즈 선박 터미널 - 전통적 항구 - 해양 박물관
사회적 관계		- 공동 주택 개발 - 토지 가격의 33%에 대하여 보조금 지급(2010/11) - 장애인 및 고령자를 위한 프로그램 개발(2013) - 도시 사회 기반 시설 제공(ex, 학교, 유치원, 지역 커뮤니티 등) - 이웃 커뮤니티(ex, Netzwerk eV)
문화·지식 공간		- Maritime Museum(해양박물관, 2009) - 엘브필하모니(2017) - 문화지구 오베르하펜(Oberhafen) 조성 · 문화 프로그램 · 문화 협동 조합 및 네트워크(2010) - 하펜시티 대학교(2013) - Kuhne Logistics University(2010) - 2개의 초등학교 건립 및 예정(2009/2019) - 고등학교 1개
지속 가능성		- 2003년 난방 에너지 공급(CO2 벤치 마크, 92% 재생 가능성) - 건축물 인증 제도 2007 - 도시 교통 · 2012년 수소 연료 스테이션 · 엘브브뤼켄과 에스반(S-Bahn)을 연결하는 U4 지하철 · 자전거 대여 시스템·전기자동차 공유 시스템

7. 하펜시티 개발 구역

① AM Sandtorkai/Dalmannkai

- 면적: 10.9ha
- 거주지: 746개
- 주요 용도: 오피스, 소매업 및 식당

② AM Sandtorpark/Grasbroo

- 면적: 5.7ha
- 거주지: 278개
- 주요 용도: 오피스, 교육 공간 및 사회 기관

③ Brooktorkal/Ericus

- 면적: 4ha
- 거주지: 30개
- 주요 용도: 오피스, 교육 공간, 도소매 및 식당

④ Strandkai

- 면적: 6.9ha
- 거주지: 733개
- 주요 용도: 오피스, 호텔, 도소매 및 식당, 선착장

⑤ Uberseequartier

- 상업용 센터 및 복합센터
- 크루즈 센터를 통해 3,600여 명의 승객을 수용할 수 있음

⑥ Elbtorquarier

- 면적: 9ha
- 거주지: 370개
- 주요 용도: 오피스, 도소매 및 식당

⑦ Am Lohsepark

- 면적: 12.5ha
- 거주지: 650개
- 주요 용도: 오피스, 서비스업, 호텔, 공원 부지

⑧ Oberhafen

- 면적: 8.9ha
- 하펜시티 동부의 에너지 공급 허브 역할을 하며 생산된 전력의 92%가량이 신재생 에너지로 생성됨
- 6,000m^2 정도의 부지를 문화 활동을 위해 활용할 수 있도록 장려함

⑨ Elbbrucken

- 면적: 21.4ha
- 거주지: 1,100개
- 주요 용도: 오피스, 서비스, 호텔 및 거주 공간

⑩ Baakenhafen

- 면적: 24ha
- 하펜시티 내 가장 큰 항구 유역이며 유럽 내 가장 큰 전기자동차 공유 구역이 있으며 항만 재개발 공사를 통해 물류 및 교통을 연결함

• 하펜시티 수변에 세워진 건물들

• 하펜시티 내 산책로

2. 엘브필하모니

보세 창고를 복합 문화 재생 공간으로

1. 프로젝트 개요

- ▣ Elbphillharmonie. 코코아와 차 등을 보관했던 37m 높이의 건물. 7억 8,900만 유로를 투자하여 오래된 보세 창고를 콘서트홀, 주거, 호텔 등의 복합 문화 재생 건물로 개발함(2017년 1월 개관)
- ▣ 약 1,000개 정도의 구부러진 유리 벽면과 파도를 연상시키는 지붕 구조가 포인트
- ▣ 스위스 건축 팀 '헤르초크 앤드 드 뫼롱(Herzog & De Meuron)'의 디자인을 바탕으로 건설

• 엘브필하모니 전경

구분	내용
위치	Platz der Deutschen Einheit, 20457 Hamburg, Germany
시행 면적	120,000m²
설계	Herzog & De meuron
추진 일정	2007~2017년
용도	복합 시설 및 대형 콘서트홀
특징	- 제2차 세계대전에 피해를 입었던 건축물로 1990년대까지 코코아와 차 등을 보관했던 건물 - 실내 내부 콘서트홀은 일본의 도요타가 음향 디자인을 맡음

2. 개발 경과

▣ 1990년대까지 코코아와 차 등을 저장했던 저장 창고

▣ 카이슈파이허 A동 창고의 외관만 남기고 새로 기둥을 박아 그 위로 창고 내부를 완전히 새롭게 공사했음

▣ 2007년 착공 당시에 비해 최종적으로 예산이 3배 이상 투자되어(한화 약 1조 원)논란이 되었음

• 1875년의 엘브필하모니(왼쪽)와 1963년의 엘브필하모니(오른쪽)*

• 1963년 엘브필하모니

출처: elbphilharmonie.de

3. 개발 내용

▣ 콘서트홀은'대공연장', '리사이틀홀', '카이스튜디오' 3장소로 구분

- 대공연장(Great Concert Hall)
  - 2,100명의 관람객을 수용할 수 있음
  - 빈야드 스타일(홀 중심에 연주 무대 존재)의 콘서트홀
  - 클라이스 오르겔바우(Klais Orgelbau)가 만든 69개의 파이프가 있는 파이프 오르간 존재
- 리사이틀홀
  - 실내 음악 및 재즈 콘서트 공연 등을 목적
  - 550여 명 수용 가능
- 카이스튜디오(Kaistudio)
  - 170여 명 방문객 수용 가능
  - 교육 활동 지원 목적

▣ 주거 및 호텔 시설

- 웨스틴 함부르크 호텔 건물이 동쪽에 위치함.(2016.11월 오픈) 9~20층까지 244개의 객실 운영
- 주거 시설로 건물 서쪽에는 45개의 고급 아파트가 있음. 주거 단지 내 회의실, 레스토랑, 바, 스파가 구비되어 있음

• 엘브필하모니 주거 구역 내부 출처: www.streifzugmedia.com

• 엘브필하모니 플라자 출처: hamburg-travel.com

• 엘브필하모니 플라자 출처: hamburg-travel.com

4. 설계

▣ 헤르초크 앤드 드 뫼롱(약칭 HdeM)

- 스위스에서 1978년 설립된 건축 사무소
- 초기 작품은 미니멀리즘 예술과 비슷한 모더니즘의 성격을 띠며 공식적인 디자인은 직사각형 형태의 순수한 단순성을 좀 더 복잡하고 동적인 형상으로 만듦
- 공연장, 플라자, 호텔, 아파트 등 다양한 복합 시설이 수반되어 있음

• 엘브필하모니 구성도

구분	이름	용도
1	카이스페이처(Kaispeicher)	과거 창고
2	파사드(The Facade)	유리 벽면(1,100개)
3	더 튜브(The Tube)	에스컬레이터
4	더 플라자(The Plaza)	중앙 플랫폼으로 37m 높이의 공공 공간
5	더 그랜드홀(The Grand Hall)	엘브필하모니의 중심이며 2,100여 명을 수용할 수 있음
6	음성 반사판(The Sound Reflector)	중앙 무대의 천장에 달려 있으며 음향 효과를 뚜렷하게 해 줌
7	오르간(The Organ)	오르간(4개의 기관)
8	레시털 홀(The Recital Hall)	빌딩 오른쪽의 공연장으로 550명 수용
9	더 카이스튜디오(The Kaistudio)	음악 교육 공간
10	포이어 바(Foyer Bar)	
11	호텔	250개의 방이 있는 호텔
12	아파트	입주민들을 위한 거주 공간
13	주차 공간	500대 수용 가능

3. 마르코 폴로 타워

주상복합·유니레버 오피스

1. 프로젝트 개요

- ▣ Marco Polo Tower. 하펜시티의 랜드마크로 2010년 완공, 유니레버 하우스(Unilever House)사 빌딩과 함께 하펜시티 내에 있는 두 개의 유리 건물은 최초의 앙상블 건물임
- ▣ 가까이에 크루즈 선착장과 스트란트카이 산책로가 있음
- ▣ 지상 17층으로 구성되며 각 축이 조금씩 돌아가 있는 형태를 띠고 있음

• 마르코 폴로 타워 전경

구분	내용
위치	Am Strandkai 3, 20457 Hamburg, Germany
시행 면적	40,770m^2
설계	Behnisch Architekten, Stuttgart
추진 일정	2007~2010년
용도	주거 공간 및 오피스 공간의 복합 시설
특징	- 철근 콘크리트 뼈대 구조의 건축물 - 외부에는 방문객을 위한 식당이 있으며, 내부는 오피스 및 주거 공간으로 사용됨 - 공기 순환 장치, 온도 조절 장치 등이 내부에 설치되어 있으며, 오염 및 소음으로부터 자유로움

2. 개발 내용

▣ 독특하고 상징적인 랜드마크

- 옆의 유니레버 본사와 함께, 2채의 유리 건물로서 하펜시티 내부의 랜드마크를 담당하고 있음
- 58채의 주거 공간을 가지고 있으며, 각 주거 공간은 60~340m^{2}의 다양한 넓이로 구성됨
- 움푹 패인 외관은 돌출부에 의해 직사광선을 막아 주며, 테라스 추가 차양이 필요 없음

• 마르코 폴로 타워 내부

출처: Behnisch Architekten

3. 설계

▣ 베니슈 아르키텍텐(Behnisch Architekten)

- 1989년 군터 베니슈(Gunter Behnisch)의 지사로 설립되어 1991년 자체 파트너십 구조와 운영을 통해 독립적 회사로 변모
- 2005년 이후, 슈투트가르트, LA, 보스턴, 뮌헨 등에서 다양한 국제 디자인 업무를 수행

• 마르코 폴로 타워 내부 발코니 출처: Behnisch Architekten

4. 미니아투어 분데어란트

세계 각국의 미니어처 명소

1. 프로젝트 개요

- ▣ Miniatur Wunderland(miniature wonderland). 철도 모델 박물관으로 2000년에 개장, 9개의 섹션으로 함부르크, 스위스, 오스트리아 등 다양한 도시 및 국가의 모습을 꾸밈
- ▣ 1만 대 이상의 객차로 구성된 1,300대의 열차, 10만 대 이상의 미니어처 차량 등 많은 수의 재료가 투입됨
- ▣ 연중 휴일 없이 관람객들을 맞이하며, 300명의 직원들이 관리함

• 미니아투어 분데어란트 입구

구분	내용
위치	20457 Hamburg, Germany
시행 면적	6,400m²
주관	Frederik Braun, Gerrit Braun
추진 일정	2007~2010년
용도	철도 모형 미니어처 전시회 공간
특징	- 약 8개 이상의 섹션으로 나누어져 다양한 국가와 도시의 특징을 미니어처로 표현 - 최근 자동차 회사 스마트의 미니어처를 곳곳에 세워 놓아 화제가 됨 - 작품 중 크누핑겐 에어포트(Knuffingen Airport)는 약 40대의 비행기와 90대의 자동차로 이루어진 가장 큰 미니어처 공항임

• 미니아투어 분데어란트 내부

2. 개발 내용

▣ 다양한 모습을 미니어처로 표현

- 다양한 장소의 모습(미국, 독일 중부, 베니스 등)을 나타내기 위하여 26만 3,000개의 피규어, 38만 9,000개의 LED, 9,250대의 자동차 등 많은 수의 미니어처가 투입됨
- 현재 9개의 테마관을 가지고 있으며, 앞으로 6개의 테마관을 더 신설할 계획으로 프로방스, 남아메리카, 아시아, 모나코, 펀 페어가 신설될 예정

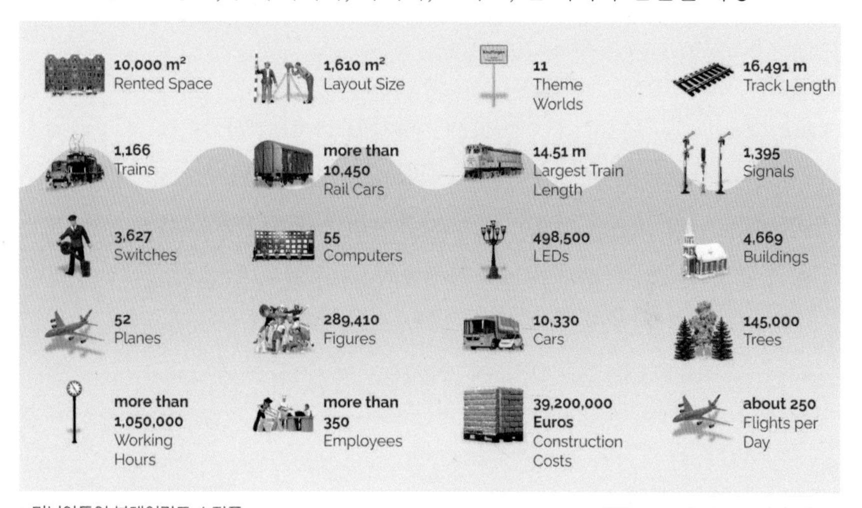

• 미니아투어 분데어란트 소장품 출처: www.miniatur-wunderland.com

5. 슈파이허슈타트

유네스코지정 보세창고지역 재생

1. 프로젝트 개요

▣ Speicherstadt. 함부르크에 위치한 세계에서 가장 큰 역사적인 창고 단지를 상업 지역으로 재생

▣ 1991년 기념물 보호 목적으로 유네스코 세계문화유산에 등록됨

▣ 네오 고딕 양식의 붉은 벽돌로 만든 외부 층이 있으며, 현재는 수심이 낮아져 유람선으로 출입이 가능함

▣ 슈파이허슈타트는 '향수의 도시'라는 뜻

• 슈파이허슈타트 운하길

구분	내용
시행 면적	300,000m^2
설계	칼 요한 크리스찬 짐머만
건설 연도	- 최초 설계: 1883~1927년 - 현대화 항구 재생: 1960~1990년
용도	함부르크 옛 항만 지역 수변 도시 재생 프로젝트
특징	- '붉은 벽돌의 도시'라 불리기도 하며, 7~8층으로 구성된 17개의 빌딩이 인상적임 - 100년 동안 커피, 차, 코코아, 향신료 등과 같은 물품들을 하역하던 보세 창고 구역 - 유네스코 문화재로 등록되어 있음

2. 개발 경과

▣ 제2차 세계대전 이후 물류 창고 및 저장고가 70%, 선박 창고 등이 약 90%가량 파괴되었으며, 1960년 현대화 항구 재건 및 1990년까지 그 명맥을 이어옴

▣ 1991년 함부르크 유적 보호 지역으로 지정되어 관리

▣ 2008년 하펜시티로 편입

▣ 함부르크 최초의 유적지로 2015년 7월 5일 유네스코 세계문화유산으로 지정됨

• 슈파이허슈타트 전경

3. 역사

▣ 낙성식

- 1800년, 함부르크에서는 다수 품목의 관세가 철폐되었으며 이에 함부르크는 당시 유럽의 두 번째로 큰 항구로 성장
- 18세기 중반에 이르러 함부르크 내 다수 지역이 자유무역지구로 지정되었으며 이는 함부르크 지도부가 번영의 기저에 놓여 있다고 생각함
- 1867년, 함부르크는 프로이센이 주도하는 북독일 연방에 가입하면서 정치, 경제적 독자성을 상실했으나, 당시 수상이었던 비스마르크가 자유무역지구의 위상을 묵인하여 그 위상을 지킴
- 1871년 1월, 독일 제국이 탄생되었으며 당시 미국산 농산물의 대량 유입과 영국산 생산 설비의 유입으로 농업 및 상업을 보호하기 위하여 함부르크를 자유무역지구에서 제외하고 관세 부과 적용 지역으로 변모시킴
- 함부르크는 제국정부와의 협상을 통하여 관세 지역을 인정하는 대신 보세

• 낙성식 다리(브룩스브뤼케)

구역을 설립하고 필요 비용 중 4,000만 마르크를 독일 제국 정부에서 지원 받기로 상호 합의함

- 1888년 10월 29일, 빌헬름 2세는 함부르크 보세 구역 낙성식에 참석했으며 관문인 브룩스브뤼케(Brooksbrücke)에서 '신의 영광과 조국의 번창, 그리고 함부르크의 번영을 위하여'라는 말을 남김
- 현재 낙성식 장소의 오른쪽에는 함부르크를 상징하는 하모니아(HAMONIA) 동상이 있고, 왼쪽에는 EU를 상징하는 에우로파(EUROPA) 동상이 서 있음. 낙성식 당시에는 에우로파의 동상 대신 독일의 게르마니아(GERMANIA) 동상이 있었지만 제2차 세계대전을 겪으며 파괴되어 2003년 에우로파의 동상이 들어서게 됨

※ 빌헬름 2세(Wilhelm II)와 고종황제

- 빌헬름 2세는 1902년 고종황제에게 대한민국의 독립을 지지한다는 편지를 보냄
- 당시 독일 공사로 파견된 민철훈이 일본인 대사보다 독일어에 능통하여 밀서가 오갈 수 있었음
- 1905년 독일공사 잘데른(Saldern)이 보낸 12쪽 보고서에는 고종이 끝까지 을사늑약에 반대하는 입장을 밝히고 있음

6. 피슈마르크트

어시장, 경매장을 다양한 문화 공간으로

1. 프로젝트 개요

▣ Fischmarkt. 연간 약 2억 8,000만 유로의 매출액을 보이며, 독일 내 생선 공급량의 약 14%를 차지하고 있음

▣ 과거 함부르크 수산시장과 알토나 수산시장은 경쟁 관계였으나, 이후 하나의 시장으로 병합되었으며 매주 일요일 아침 경매 창고장에서 문화 공연 축제가 열림

▣ 매주 일요일에 수산시장이 열림

• 피슈마르크트 외부 전경

구분	내용
위치	22767, Hamburg, Germany
시행 면적	62,800m^2
개장	1703년 개장
용도	함부르크 내 가장 오래된 종합시장
특징	- 7만 명의 방문객이 방문하며, 과일, 꽃, 생선 등을 팔지만 생선을 중점적으로 판매 - 인접한 곳에 댄스 플로어와 알토나 시청 등이 있음 - 100년의 역사를 가지고 있으며 함부르크의 가장 오래된 종합시장

• 피슈마르크트 문화 공연

2. 시장 운영

▣ 1703년 함부르크시에서 허가를 받고 오늘날까지 운영

▣ 매주 일요일 새벽 5시부터 아침 9시 30분까지 열림(매년 11월 중순에서 3월 중순까지는 7시부터)

▣ 새벽 5시부터 운영하기 때문에 근처 리퍼반 거리에서 밤을 보낸 청년들의 애프터 장소로 많이 이용됨

▣ 유럽에서는 밤 또는 새벽에 운영하는 식당을 찾기 힘들기 때문에 새벽의 오아시스와 같은 역할을 함

▣ 과일의 경우 폐장 시간이 가까워지면 굉장히 싼 가격으로 떨이 판매를 진행함

• 피슈마르크트 내부

• 피슈마르크트 외부 노점상

7. 플란텐 운 블로멘

공동묘지를 공원으로

1. 프로젝트 개요

▣ Planten un Blomen. 동물원과 공동묘지가 있던 부지를 1930년 대규모 꽃 박람회를 위해 공공 공원으로 조성함

▣ 플란텐 운 블로메(Planten un Blome)는 '식물과 꽃'이라는 지역 방언으로, 1821년 요한 게오르크 크리스티안 레만(Johann Georg Christian Lehmann)이 플라타너스 나무를 심은 데서 시작

▣ 함부르크의 오래된 식물원이 있으며 다양한 문화 시설들이 있어 시민들의 휴양지 역할을 함(콘서트, 공공 극장, 음악 공연, 커다란 놀이터)

• 플란텐 운 블로멘에서 휴식하는 시민들*

구분	내용
위치	Marseiller Str., 20355 Hamburg, Germany
시행 면적	47ha
개장일	1930년
용도	공동묘지 및 동물원을 공공 정원으로 바꾼 재생 사업
특징	- 대중들을 위한 연극 및 음악 공연과 여름에 열리는 물빛(Water-light) 콘서트로 유명 - 겨울에는 아이스링크를 설치하며, 공원 남쪽에는 커다란 놀이시설이 갖추어져 있음 - 1930, 1953, 1963, 1973년에 다양한 국제 원예 박람회를 개최하며 그때마다 조경을 다시 함

2. 개발 경과

▣ 1821년 식물학자 요한 레만이 플라타너스 나무를 심은 것으로 역사가 시작되며, 그 나무는 공원 입구에 있음

▣ 1930, 1954, 1963, 1973년 국제 정원박람회가 개최되어 다양한 식물 및 원예 조경 설치·관리

• 플란텐 운 블로멘 입구

3. 개발 내용

▣ 거대한 대형 정원

- '녹색 허파'라 불리는 곳이지만 실제로는 공원보다는 거대한 원예 정원에 가까움
- 식물, 야생화, 볼거리, 놀거리 등이 풍부한 공원
- 담토르(Dammtor)역부터 거의 장크트 파울리(St. Pauli) 교외까지 이어져 있음
- 공원 동쪽에는 난초 꽃이 잔뜩 피어 있는 열대 온실이 있으며, 구 식물 정원(Alter Botanischer Garten)의 일부였음

• 플란텐 운 블로멘 내부 산책로

8. 슈테른샹체

문화자유타운

1. 프로젝트 개요

▣ Sternschanze. 리퍼반 거리 다음으로 함부르크에서 가장 유명한 유흥 거리로 함부르크 내에서 가장 작은 지구이지만 콘서트, 라이브 뮤직 등의 독특한 문화가 자리 잡음

▣ 1930년대부터 1970년대까지는 노동자 계층이 많이 살았으며 1970년대부터 학생들과 가족들이 지역으로 이주하기 시작함

▣ 별칭은 샹체(Schanze)로 '빈민가'라는 속어를 가짐

• 슈테른샹체 거리 전경*

구분	내용
위치	Sternschanze, Hamburg, Germany
역사	1682년~
용도	노동 운동의 중심지, 혼합 주거지
특징	- 노동 운동의 중심지로, 좌파 성향의 지역 - 과거 성벽 구조물이 있었으며 대부분 철거되고 주거지와 상업 구역으로 발달 - 시위 운동의 중심지

2. 개발 경과

▣ 1682년 별 모양의 성벽 구조물에서 유래되었음

▣ 19세기 초 성벽과 요새가 철거된 후 주거와 상업 지역의 혼합 주거지로 변모

▣ 1930~1970년까지 주로 노동자 계층이 거주

▣ 1970년부터 많은 학생들과 그 가족들이 이주함

3. 로테 플로라(Rotte Flora)

▣ 슈테른샹체의 대표 예술지

- 1886년 다목적 콘서트홀로 개관함
- 이후 각종 시위의 중심지로 기능을 수행하며, 좌익 운동권의 만남의 장소 역할
- 제2차 세계대전 피해를 입지 않은 공연장으로, 1943년까지 공연으로 이용된 후 막바지에는 창고로 사용됨
- 1949년 보수 공사 후 다시 문을 열었으며 1953년부터 1964년까지 약 800석 규모의 영화관으로 이용되었음
- 1987년까지 백화점으로 이용되었으며 백화점이 폐쇄된 이후 뮤지컬 공연장으로 사용하고자 했으나 시위와 언론의 부정적인 반응으로 실패함

- 이후 좌파 정치인들의 모임 장소로 바뀌었으며 현재까지도 노동절 시위 등 과격한 정치적 시위가 자주 일어나는 장소

• 로테 플로라 전경

9. 오텐센

이민지에서 번화가 거리로

1. 프로젝트 개요

▣ Ottensen. 1390년대 농부와 다양한 분야의 장인들이 정착하기 시작함
▣ 알토나와 경계를 삼고 반대편에는 함부르크 항구 발터쇼프(Waltershof)가 있음
▣ 정착이 가속화되어 1640년 근처 알토나보다 규모가 더욱 커짐
▣ 현재는 쇼핑 센터와 밤 문화의 발달로 많은 관광객들이 찾음

• 오텐센 거리 전경*

구분	내용
위치	Ottensen, Hamburg, Germany
시행 면적	2.9km^2
인구	3만 5,585명(2023년)
용도	과거 이민자들의 정착치를 문화 거리로 재생
특징	- 1960년부터 쇠퇴기를 걸으며, 주민들이 빠져나가고 이민자들이 대거 입주함 - 오랜된 가옥들이 개조되어 공동 아파트로 리모델링되었으며, 다양한 문화 시설들을 설치함 - 2,289개의 주거용 건물 중 1,429개는 사회 주택

2. 개발 경과

▣ 1310년 홀스타인 교회 마을로 문서에 처음 등장함

▣ 1853년 오텐센과 알토나 사이에 경계가 생기며, 독일-덴마크 전쟁(1864년) 이후, 프러시안 지방으로 편입됨

▣ 19세기 북부 독일 지방의 주요 산업 지구로 바뀌며 1889년 알토나시로 통합됨

▣ 1960년부터 쇠퇴기를 맞으며 이민자, 중산층 및 학생 등 다양한 사람들이 정착하기 시작함

3. 주변 볼거리

▣ 메르카도(Mercado)

- 유니언 인베스트먼트(Union Investment) 소유의 쇼핑 센터로, 1995년 10월 5일 개관함
- 중앙 구역에는 30개의 스탠드가 설치되어 있으며 주말 장이 열림

▣ 유대인 묘지(Old Jewish cemetery)

- 메르카도 지하에 있으며 약 4,500구의 유대인이 매장되어 있다고 함

10. 칠레하우스

480만 개의 벽돌로 이루어진 표현주의의 대표 주자

1. 프로젝트 개요

▣ Chilehaus. 480만 개의 벽돌로 지어졌으며, 벽돌 고딕 양식과 표현주의에서 영감을 받은 1920년대 벽돌 표현주의의의 대표적인 사례

▣ 짙은 갈색의 건물로 오피세틀 건물의 형상을 한 크고 높은 사무용 건물

▣ 헨리 슬로만(Henry Sloman)이라는 선박 부호가 칠레에서 큰 돈을 벌어 이름이 유래됨

구분	내용
위치	Fischertwiete 2A, 20095 Hamburg, Germany
시행 면적	5,200m^2
설계	F. Hoger
추진 일정	1921~1924년
용도	지상 상업 및 사무 공간
특징	- 독일 표현주의의 대표 건물 - 위에서 바라보면 한 척의 배 형상을 띠고 있으며, 함부르크가 엘베강의 항구 도시라는 것에 착안하여 강 위의 배를 연상하도록 만듦 - 곡선, 수직, 움푹 들어간 상층부 등 다양한 형태의 디자인

• 칠레하우스 전경*

2. 개발 경과

▣ 헨리 슬로만의 의뢰를 받아 프리츠 회거(Fritz Höger)가 건축했으며, 당시는 독일의 초인플레이션 기간이었음

▣ 의뢰인은 인플레이션 당시, 경제를 살리기 위하여 480만 장의 벽돌이 소요되는 건물 건축을 원함

■ 1983년 9월 27일 독일 문화재로 등록되었으며, 2015년 7월 5일 유네스코 세계유산으로 지정됨
■ 현재는 Union Investment Real Estate AG의 소유임

3. 개발 내용

■ 독일 벽돌 건축물의 걸작
- 독일 표현주의의 대표적인 건물로, 배 형상의 독특한 디자인
- 건축된 지형이 건물을 쌓기에 굉장히 힘든 부지였기에, 16m 깊이의 철근 콘크리트로 안정성을 더함
- 계단과 파사드 조각은 리하르트 쿠욀(Richard Kuöhl)의 작품

■ 국제무역의 결과
- 19세기 후반부터 20세기 초까지 이루어진 국제무역의 급속한 성장을 배경으로 함
- 의뢰인이 주로 거래했던 국가인 '칠레'의 이름을 따서 명명

4. 설계

■ 프리츠 회거
- 프리츠 회거와 그의 동생 헤르만 회거(Hermann Höger)가 같은 건축가로 일했으며, 프리츠 회거는 특히 벽돌 건축에 관심이 많았음
- 1907년 독일 건축가 연맹 회원 자격이 거부되었으나 개인 건축가로 활동
- 대표적인 건물은 칠레하우스와 안차이거 호크하우스(Anzeiger-Hochhaus)
- 2008년 처음으로 프리츠 회거 건축상이 만들어져 수상자를 선정했으며, 레저 및 공공 건물 범주에서 벽돌 형식으로 지어진 건축물에 수여함

11. 리버브 바이 하드 락 함부르크

방공포로 활용되던 벙커를 음악적 호텔로 재생

1. 프로젝트 개요

- REVERB by Hard Rock Hamburg. 1942~1944년 제2차 세계대전 당시 방공포 및 대피소로 활용되었던 벙커 시설을 음악적 테마 분위기를 활용한 현대적 호텔로 재생함
- 함부르크 시내 중심부에 위치한 하드 록 호텔 브랜드인 REVERB는 음악 테마와 현대적인 라이프스타일의 결합을 시도함. 하드 록의 유산을 기리기 위해 인테리어 전반에 걸쳐 음악적인 요소를 포함했으며 테마 객실, 다양한 음악 프로그램 등이 특징임
- 전반적으로 모던하고 세련된 인테리어와 최신 디자인 트렌드를 반영한 젊고 활기찬 분위기의 로비와 객실을 자랑하며 레스토랑과 바, 회의실, 피트니스 센터의 다양한 편의 시설을 갖추고 있음
- 젊고 현대적인 호텔의 이미지에 걸맞게 스마트 체크인·체크아웃 시스템, 고속 인터넷, 스마트 객실 제어 시스템을 도입하여 고객의 편의를 극대화했고 로비, 라운지 등 커뮤니티 중심의 공간을 만들어 여행객들이 소통할 수 있는 장소를 제공함

• 리버브 바이 하드 락 함부르크 외관 출처: REVERB 홈페이지

12. 유로파 파사주

함부르크 도심의 활력를 더하는 대형 쇼핑몰

1. 프로젝트 개요

▣ Europa Passage. 함부르크 알트슈타트 지구에 있는 대형 쇼핑몰. 현대적이고 혁신적인 건축 스타일로 유명한 건축가 하디 테헤라니(Hadi Teherani)가 설계하여 2006년 10월 5일 개장했고, 5층 규모의 쇼핑몰에는 약 120개의 매장과 27개의 케이터링 매장이 있음

▣ 유로파 파사주는 함부르크의 주요 상업 중심지로, 현지인들은 물론 관광객들이 많이 찾는 인기 장소이며 알스터 호수와 시청 광장 근처에 있어 접근성이 좋아 도심 관광과 쇼핑을 동시에 즐길 수 있음

▣ 유로파 파사주 내에 위치한 다양한 상점들과 레스토랑, 엔터테인먼트 시설들은 지역 일자리 창출과 지역 경제 활성화에 큰 기여를 하고 있으며 함부르크 도심에 활력을 더해 줌

▣ 쇼핑몰 내부는 효율적인 동선과 광활한 중앙 아트리움으로 모든 층을 연결하며 대형 유리 천장과 유리 벽으로 자연광이 쇼핑몰 내부로 들게 하여 에너지 효율성을 높이고 밝은 실내 분위기를 조성했음

• 유로파 파사주 실내 전경 출처: designa.com

• 유로파 파사주 외관 출처: www.europa-passage.de

13. 도클랜드 오피스

선착장을 오피스로 재생

1. 프로젝트 개요

▣ Dockland Office. 2004년까지 선착장으로 사용된 영국행 페리 터미널의 지상 부지를 오피스 건물로 재생한 펄 체인(Pearl Chain)의 일부

▣ 강을 따라 전면 유리가 47m로 이어져 있으며 경사가 66°로 기울어져 있음

▣ 건물을 건설하기 위해 필요한 부지에 콘크리트 벽과 도크 벽을 강까지 확장시킴

▣ 현재 노르다카데미(Nordakademie) 대학 건물로 사용되고 있음

▣ 현 건물에서는 컴퓨터 과학·소프트웨어 공학, 경영학 석사, 재무 관리 및 회계 석사, 일반 예술 석사 등 석사 프로그램을 제공함

• 도클랜드 오피스 빌딩 – 현 대학건물

구분	내용
위치	22767 Hamburg, Germany
시행 면적	6,500m²
건축	BRT(Bothe Richter Teherani)
추진 일정	2002~2005년
용도	함부르크 항만 페리 터미널의 부지를 이용한 사무 공간
특징	- 이중 외벽을 통한 통풍 장치 개발 - 서쪽 파사드가 40m가량 돌출되어 있음 - 건물 너비는 21m, 각 층의 길이는 86m, 건물 전체 높이의 4개 강철 프레임의 격자 빔으로 구성됨

2. 개발 내용

■ 전체 재원

- 면적: 총 6,500m²
- 6층짜리 사무실 건물, 평행 사변형의 기하학적 모양이 특징적
- 47m 높이의 전면 유리를 사용했으며, 66°로 기울어짐
- 140개 계단, 옥상 테라스, 레스토랑이 존재
- 2006년 유럽 건축가 협회 최고의 건축(Best Structural)상 수상

3. 지구 재생의 특징과 효과

▣ 배의 선체 모양을 모방한 디자인

- 전면의 기울어진 유리는 건물 자체가 날렵하고 배의 앞부분을 연상시킴
- 과거 페리 터미널이었던 부분의 이미지를 잘 살려냈으며, 혁신적인 디자인이라는 평을 받음
- 기하학적인 디자인으로 엘베강에 노출된 부분에는 부식 방지 시스템을 통하여 외관의 이중 피막을 형성함

• 도클랜드 오피스 정문 방향

14. 슈타게 시어터 임 하펜

조선소 부지를 세계적 뮤지컬 공연장으로 재생

1. 프로젝트 개요

▣ Stage Theater im Hafen. 1864년 조선소 부지였던 장소를 공연장으로 건축했으며 1994년 개장함

▣ 공연장의 무대 크기는 883m^2에 달하며 900개 이상의 조명이 있는 대규모 공연장. 개장 당시 1,500명가량 수용이 가능했으며 2001년 개보수를 통하여 현재 2,030명까지 수용 가능함

▣ 내륙에 위치한 것이 아니기 때문에 이동을 위해서는 페리를 탑승해야 하며 이것이 하나의 특징으로 자리 잡음

▣ 모든 좌석들이 무대에서 25m 이상 떨어져 있지 않기 때문에 공연을 매우 생생하게 관람할 수 있음

▣ 특히 공연 중에 스테이지 엔터테인먼트 그룹(Stage Entertainment Group)의 뮤지컬이 인기 있음

▣ 확장 공사 이후에는 〈라이언 킹(Lion King)〉 전용 뮤지컬 극장으로 이용되고 있으며 독일을 대표하는 뮤지컬 명소로 각광받음

▣ 건물 3층의 레스토랑에서 스카이뷰를 통하여 하펜시티 및 함부르크의 스카이 라인을 볼 수 있으며 로비에는 7개의 바(Bar)가 있음

• 슈타게 시어터 임 하펜

• 페리선

• 슈타게 시어터 임 하펜 내부 공연장 출처: stage-entertainment.com

8

함부르크의 주요 명소

1. 알스터 호수

함부르크 수상 레저의 중심지

- Alster Lake. 뤼벡과 함부르크를 연결하는 호수로, 시청사와 가까운 곳에 있는 빈넨알스터(Binnenalster)와 바깥쪽의 아우센알스터(Aussen-alster)로 나뉨
- 1.8km² 넓이에 달하는 대형 호수이며, 보트와 요트, 유람선 등 수상 레저의 중심
- 시청 및 애플 매장 인근에 알스터호를 유람할 수 있는 크루즈 선착장이 있음
- 알스터 호수는 실수로 만들어진 호수로 1225년 엘베강의 지류인 알스터강에 댐을 건설할 때 측정을 잘못하는 바람에 물이 너무 많이 고여 현재의 알스터 호수가 되었다고 전해짐
- 호수 중앙에는 분수가 설치되어 있으며 롬바르트에서 바라보는 풍경과 야경이 아름다워 많은 관광객들이 사진을 찍음
- 알스터 호수에는 백조들이 많이 살고 있는데 매해 겨울은 다른 곳에서 지내고 봄이 되면 알스터 호수로 찾아오는 것이 200년 동안 이어졌다고 함
- 함부르크시에서는 백조를 죽이거나, 상처 입히거나, 불쾌하게 하는 행위를 일절 금지하고 있으며 1264년부터 법으로 제정했음
- 현재 알스터 호수에 살고 있는 백조들 역시 정부에 의해 보호받고 있으며 19세기 이후부터는 백조 관리인을 고용하기도 함

• 알스터 호수 전경

• 넓게 펼쳐진 알스터 호수

• 알스터 호수의 백조*

• 알스터 호수

2. 장크트 파울리

엘베강 근처의 엔터테인먼트 장소

- ▣ St. Pauli. 엘베강 오른쪽 둑에 위치해 있으며 세계적으로 유명한 홍등가 거리가 리퍼반 거리 주변에 위치해 있음
- ▣ 과거 함부르크와 알토나에서는 냄새 및 소음이 심한 사업을 할 수 없었기 때문에 장크트 파울리 항구 지역으로 로프 마켓이 생겨났음
- ▣ 구 독일어 'Reeper'는 영어의 'Rope'로 밧줄이란 뜻을 가지고 있으며 '밧줄의 길'이라는 뜻을 가진 리퍼반이 근처에 있음
- ▣ 장크트 파울리 지역의 다른 자랑거리는 풋볼 클럽(FC)으로 지역구의 대표적 심벌
- ▣ 장크트 파울리 경찰서 간판이 유명하며 야간에 경찰서의 간판이 네온사인으로 빛나는 것이 특징
- ▣ 과거 비틀즈가 유명해지기 전 장크트 파울리의 '스타 클럽(Star Club)'에서 연주했다고 알려져 있음

• 장크트 파울리 전경

• 장크트 파울리

3. 엘브 터널

100년 역사를 지닌 해저 터널의 보존과 활용

▣ Elb Tunnel. 함부르크의 해저를 지나는 해저 터널로 1911년 완공되어 100년 이상의 역사를 가진 터널

▣ 현재 영국과 프랑스를 이어 주는 해저 기차인 유로스타의 시초가 된 모델

▣ 1907년 건설이 시작되어 4년 뒤인 1911년 완공되었고 당시 함부르크의 항만과 조선소에서 일하던 근로자들의 편의를 위해 지어짐

▣ 426m에 달하는 튜브 2개로 이루어져 있으며 지표면 24m 아래에 건설되었고 터널 양쪽에 위치한 4개의 리프트가 당시 마차, 자동차, 근로자들을 운반함

▣ 시간이 지나고 교통 상황이 나아지면서 엘브 터널은 터널로서의 역할뿐 아니라 역사를 대표하는 공간으로 '엘브 아트(Elb-Art)'와 같은 미술 전시회, 터널 교향단의 오케스트라 공연 등 문화 활동에도 영향을 미침

▣ 1995년부터 리노베이션이 시작되어 현재도 진행되고 있으며 일반 정밀검사에만 약 1억 유로가 투입되었음

• 엘브 터널 외관

• 엘브 터널 내부

• 엘브 터널 리프트

4. 성 미카엘 교회

독일에서 가장 큰 시계를 가진 교회

▣ Hauptikirche St. Michaelis. 고딕 양식으로 1661년 완공 이후 낙뢰와 화재, 전쟁 등으로 끊임없이 파괴되고 복구된 역사를 가짐

▣ 첨탑의 높이가 132m로 함부르크에서 두 번째로 높음, 서유럽에서 가장 상징적인 개신교 교회로 꼽힘

▣ '미셸'이라는 애칭으로 불리며 성 페트리 교회, 성 니콜라이 교회, 성 카타리나 교회, 성 야코비 교회와 함께 함부르크 5대 교회에 속해 있음

▣ 1600년경 공동묘지의 예배당으로 지어졌으나 1606년 교회로 승격된 이후 주 정부와 주 의회에서 1647년 교회를 확장하기로 하며 1661년 헌당식을 거행함

▣ 1906년 대화재 이후 소실되었으나 고증을 거쳐 재건됨

• 성 미카엘 교회 전방

▣ 1833년 작곡가 브람스(1833~1897년)가 여기서 세례를 받았으며 2015년 11월 23일 헬무트 슈미트 전 총리의 국장을 거행함

▣ 교회 첨탑의 시계는 독일에서 가장 큰 시계로 직경 8m, 시침 3.65m, 분침 4.91m의 규모를 자랑함

• 성 미카엘 교회 시계탑

5. 비틀즈 광장

비틀즈를 떠올리기 위한 기념 광장

- Beatles-platz. 장크트 파울리 구역에 있는 직경 29m의 원형 광장으로 함부르크 방송국이 제안하여 2008년 완공됨
- 비틀즈의 역사에 함부르크의 중요성을 기념하기 위해 조성된 공원
- 비닐 레코드처럼 보이기 위하여 길을 검은 색으로 포장한 것이 특징
- 비틀즈 멤버들의 실루엣을 본 딴 조형물이 있음
- 초안 디자인은 건축가 도셰 앤드 스티히(Doshe & Stich)가 공동 입찰 과정에서 선발되었으며 프로젝트 건설 비용은 약 50만 유로로 기부금, 후원자 및 함부르크 시에서 지원하여 건설됨

• 비틀즈 광장*

6. 리퍼반

과거 로프 산업의 발달지이자 현재의 유흥가

- ▣ Reeperbahn. 유럽의 주요 항구도시 중 하나인 함부르크 내 로프 산업이 발달했던 곳으로 Reeper(로프) + bahn(길)이 합쳐져 '줄을 꼬는 거리, 로프의 거리'라는 의미를 가지고 있음
- ▣ 현재는 식당, 나이트 클럽 및 홍등가가 있으며 특히 비틀즈 광장을 시작으로 리퍼반 거리 안쪽의 그로세 프라이하이트 거리(Große Freiheit)에는 클럽과 유흥업소들이 늘어서 있음
- ▣ 인드라 무지크클럽(Indra Musikclub), 카이저켈러(Kaiserkeller)는 비틀즈가 1960년 초창기에 공연을 했던 곳으로 유명하며 카이저켈러는 현재 그로세 프라이하이트 36으로 이름을 바꿈
- ▣ 2014년 9월부터 매주 목요일 오후 5시부터 오후 8시까지 푸드트럭 먹거리 장터인 '스트릿푸드 서스데이(Streetfood Thursday)'가 열림

• 리퍼반 거리 전경*

• 밤의 리퍼반 거리*

• 리퍼반 경찰서*

7. 함부르크 시청

함부르크에 남아 있는 아름다운 19세기 건축물

- ▣ Rathaus Hamburg. 1866~1897년에 지어진 네오 르네상스 양식의 건물이며 의회와 상원이 있고 건물은 광장을 향해 111m 정도 이어짐
- ▣ 중앙 타워는 하늘을 향해 약 112m가량 솟아 있음
- ▣ 함부르크에서 완전히 보존되어 있는 몇 안 되는 19세기 건물이며 시청의 총 면적은 1만 7,000m²
- ▣ 시청의 로비는 콘서트장과 전시회로 사용되는 공공장소로 이용되며 1층의 홀에는 빌헬름 2세의 이름을 붙임
- ▣ 시청 근처에는 라타우스마르크트(Rathausmarkt)가 있으며 뒤편에는 함부르크 증권 거래소가 있음
- ▣ 건물 외벽에는 20명의 독일 황제들의 모습이 조각되어 있으며 내부에는 총 647개의 방이 있어 런던의 버킹엄 궁보다 방이 6개 더 많음
- ▣ 안뜰로 이어지는 통로는 2개이며 함부르크 역사에서 의미 있는 주교, 백작 등의 인물이 조각되어 있음

• 함부르크 시청 전경

8. 작곡가 지구

독일 음악의 유산을 기리는 음악 박물관 단지

1. 개요

▣ KomponistenQuartier. 18세기와 19세기 유럽 음악사를 이끈 중요한 작곡가들의 생애와 업적을 기념하고 전시하기 위해 만들어진 음악 박물관 단지로, 함부르크의 구시가지에 위치해 있으며 작곡가들의 음악적 유산을 보존하고 전시하는 데 중점을 두고 있음

▣ 작곡가 지구는 여러 개의 박물관으로 구성되어 있으며 주요 박물관으로는 요하네스 브람스 박물관, 게오르크 필리프 텔레만 박물관, 카를 필립 엠마누엘 바흐 박물관, 구스타프 말러 박물관, 펠릭스 멘델스존 박물관, 파니 헨젤 박물관이 있으며 각 박물관은 작곡가의 생애, 음악적 업적, 역사적 배경과 개인적인 소지품, 악보, 편지, 사진 등 다양한 유물들을 전시하고 있음

▣ 주요 전시품으로는 바로크 오페라 무대 모형, 요하네스 브람스가 가르쳤던 스퀘어 피아노 등의 악기, 클라비코드, 카를 필립 엠마누엘 바흐가 즐겨 사용했던 악기 등이 있으며 음악과 역사를 접하고 탐험할 수 있는 독일의 중요한 문화적 명소임

• 작곡가 지구 출처: KomponistenQuartier

• 하세 미술관의 오페라 모델*

• 멘델스존 박물관의 포르테피아노*

2. 브람스 박물관

▣ 낭만주의 음악의 거장인 요하네스 브람스를 기념하는 박물관으로 1971년에 설립되었으며 브람스가 태어난 곳 근처인 피터슈트라세에 있는 역사적인 건물에 위치해 있음

▣ 두 층으로 구성된 브람스 박물관은 젊은 브람스가 피아니스트이자 작곡가로서 음악을 배우고 작품을 창작한 초기 30년에 중점을 두고 있으며 요하네스 브람스의 녹음된 음악 전곡이 담긴 CD와 총 300권 이상의 책과 G. 헨레 페얼락(Henle Verlag)에서 출판한 브람스 전집을 소장하고 있어 브람스의 생애와 음악적 업적에 대해 심도 있게 체험할 수 있음

▣ 다양한 작곡가를 기리는 함부르크의 박물관 단지인 작곡가 지구의 일부인 브람스 박물관은 매년 '박물관의 긴 밤'에 참여하여 음악가와 그의 동료 및 주변 환경의 삶과 작품을 다룸

• 브람스 박물관

• 브람스 박물관 실내

• 브람스 박물관 전시품*

9. 성 니콜라이 기념관

제2차 세계대전의 참혹함과 평화에 대한 염원을 위한 기념관

▣ St. Nikolai memorial. 12세기에 세워진 성 니콜라이(St. Nikolai) 교회는 조지 길버트 스콧이 설계하여 1874년부터 1876년까지 세계에서 가장 높은 건물로 도시의 랜드마크 역할을 하다 1943년 여름, 제2차 세계대전 중 함부르크 폭격으로 교회의 대부분이 파괴되었고, 1951년 철거되었으며 현재는 무너진 교회의 첨탑만 남아 2차 세계대전 기념관과 박물관으로 사용되고 있음

▣ 현재 첨탑은 재건 과정을 거쳐 보강되어 안정성을 유지하고 있으며 내부에는 교회의 역사, 전쟁 당시의 사진, 문서 등 다양한 전시물과 제2차 세계대전의 희생자들을 기리는 박물관이 있음. 방문객들은 현재까지도 도시에서 가장 높은 첨탑 근처의 플랫폼까지 엘리베이터를 타고 올라가 도시의 전경을 감상할 수 있음

▣ 성 니콜라이 기념관은 단순한 전쟁 기념관을 넘어 전쟁이 지역 사회에 미친 영향과 피해를 기억하고 화해와 평화를 추구하는 상징이며, 방문객들에게 역사적 교육과 전쟁의 참혹함을 느끼고 평화의 가치를 되새길 수 있는 경험을 제공함

• 성 니콜라이 기념관

10. 트레펜피어텔 타운

산책로를 따라 구성된 고급주택과 공원

- Treppenviertel Town. 블랑케네제(Blankeneser) 지역에 위치한 트레펜피어텔 타운은 5,000여 계단으로 이루어진 산책로를 따라 고급 주택과 공원, 교회가 있음
- '함부르크의 베벌리힐스'라 불리며 1860년대부터 여러 작곡가, 작가 등 유명인사들이 살고 있는 지역으로 현재에도 다양한 유명인들이 거주함
- 72m 높이의 쥘베르크(Süllberg) 정상에 오르면 엘베강을 내려다볼 수 있음

• 트레펜피어텔 타운 전경*

11. 크라머암트슈투벤

항구 지역의 과부들의 거리

- ▣ Krameramtsstuben. 미카엘 교회 옆에 작은 길이 있는 거리로 '과부들의 거리'라 불리며 길 양쪽에 지어진 주택들은 함부르크시가 정책적으로 지은 것
- ▣ 항구 지역의 특성상 남성 어부들이 돌아오지 못한 경우가 많아 미망인들이 같이 지낼 수 있도록 설계함
- ▣ 하나의 굴뚝으로 10개 이상의 집들이 이어져 있는 시스템을 가진 것이 특징
- ▣ 건물 중 거중기가 달린 3층 집은 양로원으로 사용되다가 현재는 사용하지 않음

• 양로원으로 사용되었던 주택

• 과부들의 거리 전경

• 과부들의 거리 가게

12. 피터 팬

120년 전통을 이어오는 햄버거 레스토랑

▣ Peter Pane. '꿈의 나라'라는 모토하에 독창적인 햄버거와 샐러드를 제공하는 음식점

▣ 120년의 전통을 자랑하며 1897년 문을 연 담프베케라이 한자(Dampfbäckerei Hansa)가 현 가게의 시초

▣ 현재 3,000명의 직원과 170개 이상의 상점을 보유하고 있음

• 피터 팬 햄버거 내부

※ 햄버거의 유래

- 몽골의 유럽 침략 과정에서 헝가리와 동유럽에 전파된 것이 '타타르 스테이크(Tartar Steak; 타타르인이 먹는 고기)'의 탄생
- 영국의 헨리 3세가 독일과 플랑드르 상인들의 세력을 규합하는 것을 허락하여 한자 동맹(Hanseatic League)이 탄생했으며 한자 동맹의 상인들은 주요 거점으로 함부르크를 선택함
- 한자 동맹의 항구 역할인 함부르크를 통해 타타르 스테이크가 전파되었으며 19세기 함부르크 스테이크가 유명해짐과 동시에 19세기가 지날 때쯤 '함부르크에서 만드는 불에 구운 스테이크 요리'란 뜻의 '햄버그(Hamburg)'가 등장함
- 미국으로 이민 간 독일인들이 함부르크 스테이크를 전파했으며 이것이 영어식 발음인 햄버거로 바뀌게 되었고 이후 쇠고기 패티만 구워서 팔았음
- 1904년 세인트루이스 박람회에서 손님들의 음식 재촉에 주방장이 햄버그에 둥근 빵을 끼워 핫 샌드위치를 만들었는데 이것이 햄버거의 시초

• 피터 팬 가게 내부

• 피터 팬 내부 인테리어

• 피터 팬 햄버거

• 가게 내부 디스플레이

13. 장크트 게오르크

과거 전염병 격리구역에서 여행객들의 인기 거리로

- ▣ St. Georg. 1200년경 나병 환자를 위한 병원인 세인트 게오르크 병원에서 이름이 유래되었으며 과거 전염병 격리 구역으로 활용됨
- ▣ 함부르크 중앙역 동쪽에 위치하고 있으며 근처에 도시에서 2번째로 큰 교육기관인 함부르크 대학이 있음
- ▣ 1901년 설립된 샤우슈필하우스(Schauspielhaus) 극장이 있으며 스포츠 클럽, 성 메리 성당 등이 있음
- ▣ 마약과 매춘으로 슬럼화되었으나 마약 지구의 이동과 주거 공간의 활용 등으로 1998년부터 저렴한 호텔 및 게스트하우스로 여행객 및 외국인에게 인기가 많음

• 장크트 게오르크 거리*

14. 함부르크 노이슈타트

다양한 문화유산과 쇼핑을 즐길 수 있는 거리

▣ Hamburg-Neustadt. 알스터의 서쪽 함부르크 중심부에 위치하고 있으며 크게 4구역으로 나뉨

▣ 오픈 쿼티(Open-Quartier), 패스사젠피어텔(Passagenviertel)은 문화생활 지구와 쇼핑 지구이며 나머지 남북 노이슈타트는 사무 및 주거 지역

▣ 하우트 키르헨(루터교 교회), 장크트 미카엘 교회 등 다양한 문화유산이 있으며 융펀스티에그(Jungfernstieg)인 쇼핑 거리가 유명함

• 함부르크 노이슈타트 전경

• 함부르크 노이슈타트 앞의 동상

• 명품 거리 전경

15. 쿤스트할레 함부르크

8세기에 걸친 미술사를 담은 공공 미술관

- Kunsthalle Hamburg. 함부르크 중앙역 근처에 위치한 유럽에서 가장 큰 미술관 중 하나. 1869년 완공된 구관과 1997년 완공된 신관으로 나누어져 있으며 중세부터 현재까지 8세기에 이르는 방대한 예술 작품을 소장하고 있음
- 중세와 르네상스, 17세기부터 19세기까지의 작품들과 현대 미술까지 방대한 예술 컬렉션을 자랑하며 주요 미술품의 초점은 19세기에 맞추어져 빌헬름 벤츠(Wilhelm Bendz), 프란츠 마르크(Franz Marc), 카스파르 다비드 프리드리히(Caspar David Friedrich) 등 다양한 예술가들의 작품을 감상할 수 있음
- 700점 이상의 작품들이 상설 전시되며 13만 점 이상의 그림과 인쇄물, 다양한 소장품을 가지고 있을 뿐만 아니라 정기적으로 특별 전시회를 개최하며 교육 프로그램과 워크숍도 운영하면서 현대적인 전시를 통해 방문객들이 예술 작품을 더 깊이 이해할 수 있도록 만들어 줌

• 쿤스트할레 함부르크 전경(구관과 신관)

• 카스파르 다비드 프리드리히, 〈드레스덴의 아우구스투스 다리〉(1931)*

• 카스파르 다비드 프리드리히, 〈북극해〉(1823)*

16. 예술 공예 박물관

함부르크의 가장 유명한 응용 예술 박물관

- Museum für Kunst und Gewerbe. 유럽에서 가장 중요한 응용 예술 박물관 중 하나로 꼽히며 고대시대부터 현재까지 다양한 문화권의 유물 및 문화유산을 보관하고 있음
- 1867년 건축된 건물을 사용하고 있으며 신생 르네상스 궁전의 외관과 비슷함
- 1877년 개장했으며 약 1만m^2의 넓이를 예술품으로 전시하고 있음
- 제2차 세계대전 이후 소장품의 재고 목록을 작성하고 이후 체계적인 수집품 수집에 중점을 두었으며 1981년 가장 중요한 전시회 중 하나인 '투탕카멘(Tutenchamun)' 전시회를 열었음
- 화요일부터 일요일까지, 11~18시까지 운영하며 수, 목요일은 21시까지 운영함

• 예술 공예 박물관 전경

17. KIC

커피 복합공간

■ Kaffee-import-compagnie GmbH. 1982년 설립된 커피 회사로 농장부터 로스팅 업계까지 커피 산업의 전반적인 측면을 다루고 있음

■ 함부르크 스파이셰슈타트(Speicherstadt)에 위치하여 있으며 자신이 원하는 커피에 대하여 맞춤형 방문 판매를 진행 중

• KIC 내부

18. 한스 훔멜

함부르크 마스코트 물 운반자 한스 훔멜 동상

- ▣ Hans Hummel. 1848년 함부르크에 수도 시스템이 도입되기 전 물 배달원이었던 실존 인물 요한 빌헬름 벤츠(Johann Wilhelm Bentz)의 별칭인 한스 훔멜을 기리기 위해 세워진 청동으로 제작된 동상으로 단순히 과거의 인물을 기리는 조각품을 넘어 함부르크의 역사와 문화와 지역 주민들의 공동체 의식을 상징하고 있으며 지역 주민들에게 친숙한 인물의 이야기를 기억하게 하며 방문객 또한 그들의 역사와 문화를 쉽게 접하고 이해할 수 있게 만들어 주는 중요한 기념물임
- ▣ 물 배달원인 훔멜이 물통을 들고 지나갈 때마다 짓궂은 동네 아이들이 놀리곤 했는데, 그때마다 "훔멜, 훔멜(Hummel, Hummel)!"이라고 외쳤고, 무거운 물통을 들고 있어 그들을 쫓을 수 없었던 훔멜은 유일한 대응으로 "모르스, 모르스(Mors, Mors)!"라고 외쳤는데 이 구호는 지금도 함부르크의 유명한 구호로 사용되고 있으며 함부르크의 인기 축구팀 중 하나인 함부르크 SV(HSV)에서는 골을 넣으면 경기장에 이 구호가 울려 퍼지곤 함

※ 모르스(Mors)는 속어로 '꺼져'라는 뜻

• 한스 훔멜과 그를 놀리는 아이들*

19. 아이스 아레나 함부르크

세계에서 가장 아름다운 아이스링크

▣ Eis Arena Hamburg. 매년 11월부터 3월까지 개장하는 아이스링크로 4,300m²의 넓이를 자랑하며 유럽에서 가장 큰 아이스링크 중 하나

▣ 스케이트뿐 아니라 라이브 DJ, 콘서트 등 다양한 부대 활동을 즐길 수 있음

▣ 컬링, 하이킹 등 빙판 스포츠를 즐길 수 있으며 부대 시설로 카페, 레스토랑 등이 있음

▣ 매일 오전 10시부터 오후 10시까지 영업하며 화요일은 오후 8시까지 영업함

• 아이스 아레나 아이스링크

• 아이스링크 전경

20. 블락 브로이

장크트 파울리에 위치하고 있는 강변 식당

▣ Block Bräu. 2012년 4월 개장한 식당으로 강변에 위치하고 있으며 양조장과 레스토랑의 결합으로 다양한 맥주를 즐길 수 있음

▣ 엘베강과 항구 전경을 바로 볼 수 있으며 최대 1,000명까지 수용 가능한 대규모 식당으로 영업 시간은 일주일 내내 오전 11시부터 자정까지임

• 블락 브로이 전경

21. 그로닝거 양조장

함부르크에 위치한 가장 오래된 양조장

▣ Gröninger Privatbrauerei. 함부르크에서 가장 오래된 양조장 중 하나로 1793년 이후부터 전통적인 양조법에 따라 그로닝거 필스(Gröninger Pils)를 양조하고 있음

▣ 다양한 연례 행사, 축하 행사 등이 있으며 일주일 내내 운영함

▣ 양조장의 지하실에서는 축하 행사 및 다양한 행사를 위한 장소를 제공하고 있으며 오크 통에 양조된 그로닝거 필스를 맛볼 수 있음

• 그로닝거 양조장 내부

9

기타 자료

1. 세계 주요 도시별 면적·인구 현황(2023년 기준)

도시	면적(km²)	인구(명)	인구밀도(명/km²)
뉴욕	789.4	8,258,035	10,461
런던	1,579	8,982,256	5,689
파리	105.4	2,102,650	19,949
도쿄	2,194	13,988,129	6,376
베를린	891	3,769,495	4,231
함부르크	755	1,910,160	2,530
서울	605.2	9,919,900	16,397
암스테르담	219.3	821,752	3,747
로테르담	319.4	655,468	2,052
샌프란시스코	121.5	808,437	6,654
밀라노	181.8	1,371,498	7,544
베네치아	414.6	258,051	622

2. 세계 초고층 빌딩 현황

순위	건물 명칭	도시	국가	높이(m)	층수	착공	완공(예정)	상태
1	부르즈 칼리파	두바이	사우디 아라비아	828	163	2004	2010	완공
2	메르데카 118	쿠알라 룸푸르	말레이시아	680	118	2014	2023	완공
3	상하이 타워	상하이	중국	632	128	2009	2015	완공
4	메카 로얄 시계탑	메카	사우디 아라비아	601	120	2002	2012	완공
5	핑안 금융 센터	심천	중국	599	115	2010	2017	완공

순위	건물 명칭	도시	국가	높이 (m)	층수	착공	완공 (예정)	상태
6	버즈 빙하티 제이콥 앤 코 레지던스	두바이	사우디 아라비아	595	105		2026	건설중
7	롯데월드타워	서울	한국	556	123	2009	2016	완공
8	원 월드 트레이드 센터	뉴욕	미국	541	94	2006	2014	완공
9	광저우 CTF 파이낸스 센터	광저우	중국	530	111	2010	2016	완공
10	텐진 CTF 파이낸스 센터	텐진	중국	530	97	2013	2019	완공
11	CITIC 타워	베이징	중국	527	109	2013	2018	완공
12	식스 센스 레지던스	두바이	사우디 아라비아	517	125	2024	2028	건설중
13	타이베이 101	타이베이	중국	508	101	1999	2004	완공
14	중국 국제 실크로드 센터	시안	중국	498	101	2017	2019	완공
15	상하이 세계 금융 센터	상하이	중국	492	101	1997	2008	완공
16	텐푸 센터	청두	중국	488	95	2022	2026	건설중
17	리자오 센터	리자오	중국	485	94	2023	2028	건설중
18	국제상업센터	홍콩	중국	484	108	2002	2010	완공
19	노스 번드 타워	상하이	중국	480	97	2023	2030	건설중
20	우한 그린랜드 센터	우한	중국	475	101	2012	2023	완공
21	토레 라이즈	몬테레이	멕시코	475	88	2023	2026	건설중
22	우한 CTF 파이낸스 센터	우한	중국	475	84	2022	2029	건설중
23	센트럴파크 타워	뉴욕	미국	472	98	2014	2020	완공
24	라크타 센터	세인트 피터스버그	러시아	462	87	2012	2019	완공
25	빈컴 랜드마크 81	호치민	베트남	461	81	2015	2018	완공

3. 세계 주요 도시의 공원

번호	도시, 국가	공원 이름	면적(km^2)	설립 연도
1	런던, 영국	리치먼드 공원(Richmond Park)	9.55	1625
2	파리, 프랑스	부아 드 불로뉴(Bois de Boulogne)	8.45	1855
3	더블린, 아일랜드	피닉스 공원(Phoenix Park)	7.07	1662
4	멕시코시티, 멕시코	차풀테펙 공원(Bosque de Chapultepec)	6.86	1863
5	샌디에이고, 미국	발보아 파크(Balboa Park)	4.9	1868
6	샌프란시스코, 미국	골든게이트 공원(Golden Gate Park)	4.12	1871
7	밴쿠버, 캐나다	스탠리 파크(Stanley Park)	4.05	1888
8	뮌헨, 독일	엥글리셔 가르텐(Englischer Garten)	3.70	1789
9	베를린, 독일	템펠호퍼 펠트(Tempelhofer feld)	3.55	2010
10	뉴욕, 미국	센트럴 파크(Central Park)	3.41	1857
11	베를린, 독일	티어가르텐(Tiergarten)	2.10	1527
12	로테르담, 네덜란드	크랄링세 보스(Kralingse Bos)	2.00	1773
13	런던, 영국	하이드 파크(Hyde Park)	1.42	1637
14	방콕, 태국	룸피니 공원(Lumpini Park)	0.57	1925
15	글래스고, 영국	글래스고 그린 공원(Glasgow Green)	0.55	15세기
16	도쿄, 일본	우에노 공원(Ueno Park)	0.53	1924
17	암스테르담, 네덜란드	폰덜 파크(Vondel park)	0.45	1865
18	함부르크, 독일	플란텐 운 블로멘(Planten un Blomen)	0.47	1930
19	로테르담, 네덜란드	헷 파크(Het Park)	0.28	1852
20	도쿄, 일본	하마리큐 공원(Hamarikyu Gardens)	0.25	1946
21	에든버러, 영국	미도우 공원(The Meadows)	0.25	1700년대
22	바르셀로나, 스페인	구엘 공원(Park Güell)	0.17	1926
23	밀라노, 이탈리아	몬타넬리 공공 공원 (Giardini pubblici Indro Montanelli)	0.17	1784
24	파리, 프랑스	베르시 공원(Parc de Bercy)	0.14	1995
25	서울, 한국	여의도 공원(Yeouido Park)	0.23	1972
26	서울, 한국	서울숲(Seoul Forest)	0.12	2005

10

참고 문헌 및 자료

SH공사 도시연구소, (2012) 유럽도시 선진주거단지 및 도시 재생 사례연구
KOTRA, (2018.02) 유럽 스타트업 생태계 현황과 협력방안
서울시, (2012.04) 유럽도시 선진주거단지, 도시 재생 및 공공 공간 국외출장 보고서
서울시, (2014.10) 지속가능한 친환경 공간 및 공공서비스 선진사례 탐방
서울연구원, (2010) 세계 대도시의 도시기본계획 운영방식 비교연구
한국은행 지역협력실, (2016.08) 해외지역발전정책사례집

Andrea Colantonio and Tim Dixon (2011) Urban Regeneration & Social SustainabilityBest practice from Europe Cities

Antoni Remesar (2016) The Art of Urban Design in Urban Regeneration, Universitat de Barcelona

De Gregorio Hurtado, S. (2012). Urban Policies of the EU from the perspective of Collaborative Planning. The URBAN and URBAN II Community Initiatives in Spain. PhD Thesis.Universidad Politécnica de Madrid.

De Gregorio Hurtado, S. (2017): A critical approach to EU urban policy from the viewpoint of gender, en Journal of Research on Gender Studies, 7(2), pp. 200~217.

De Luca, S. (2016). Politiche europee e città stato dell'arte e prospettive future, in Working papers. Rivista online di Urban@it, 2/2016. Accesible en: http://www.urbanit.it/wp-content/uploads/2016/10/6_BP_De_Luca_S.pdf (last accessed 5/9/2017).

Elsevier (2011) The importance of context and path dependency

European Commission (2008). Fostering the urban dimensión. Analysis of the operational programmes co-financed by the European Regional Development Fund (2007~2013). Working document of the Directorate-General for Regional Policy.

Informal meeting of EU Ministers on urban development (2007): Leipzig Charter. Available in: http://ec.europa.eu/regional_policy/archive/themes/urban/leipzig_charter.pdf (last-accessed: 2/9/2017

John Shearman. Only Connect Art and the Spectator in the Italian Renaissance. Princeton University Press

Journal Of Urban Planning, (2017.06) Urban regeneration in the EU, Territory of Research on Settlements and Environment International

PWC (2018) Emerging Trends in Real Estate Reshaping the future Europe

Ráhel Czirják, László Gere (2017.11) The relationship between the European urban development documents and the 2050 visions

Randy Shaw. Generation priced Out. University of California Press

Richard Senett. Building and Dwelling. Farrar, Straus and Giroux

Alessio Praticò, (2015.01) The analysis of the new strategic area of Hamburg: the redevelopment project of the Hafencity's waterfront,

Arandjelovic, Biljana (2012): Visual Impressions: Architecture and Art in Public space in Graz. Leykam Verlag, pp.217

Architecture. Potsdamer Platz. 04 Oct. 2008 〈http://www.potsdamerplatz.de/en/architecture.html〉.

Bato Newsletter (2015.12) Introducing two of Berlin's major urban development projects

Berlin Business Location Center

Berlin to go, April Edition 2018

Budget_Travellers_German_Wanderlust_-_48_Hours_guides_to_Germany_Hamburg

Cambidge University Press, pp.332

City Mayors Statistics

Climate Lighthouse Projects in Hamburg Hamburg Business Development Corporation

Daniela Lepore, Alessandro Sgobbo, Federica Vingelli, (2017) THE STRATEGIC APPROACH IN URBAN REGENERATION:THE HAMBURG MODEL,

DIW German Institute for Economic Research

Elbphilharmonie Hamburg, HamburgMusikgGmbH

ELEVATOR WORLD, (2007.01) Dockland Hamburg

Ernst & Young GmbH (2019.01) Start-up-Barometer Germany

Experiential Retailing 2.0, Bikini Berlin

German Federal Employment Agency

HafenCity and IBA: Hamburg's urban future, HafenCity Hamburg GmbH

HafenCityProjekte_March_2017_english, HafenCity Hamburg GmbH

Hamburg 2030: focus topics for urban development, hamburg.de

HamburgMagazin34 (2015)

Hamburg-SmartCity-Booklet-(2016)

Helsinki, Lyon, Luise Noring & Bruce Katz, (2018.01) The European model for regenerating cities Lessons from Copenhagen, Hamburg

Herausgeber Publisher (2009.12) Berlin Heidestrasse Master Plan

Integrated urban development and culture-led regeneration in the EU, January (2017) Territorio Della Ricerca Su Insediamen Ti E Ambiente

JLL,(2018.02) Residential City Profile, Berlin

KPMG (2018) Deutscher Startuo Monitor

MAKING A NEW DOWNTOWN, Jürgen Bruns-Berentelg, CEO HafenCity Hamburg GmbH

Marco Polo Tower, Hamburg, Germany, 2007~2010, Behnisch Architekten, Stuttgart

Moor, Rowan (2012): Walking tour of Berlin's architecture. The Observer, 18 March 2012

OECD (2010) Higher Education in Regional and City Development Berlin, Germany

Potsdamer Platz Planning. Architectural Review -London-. 1223 (1999): 31~34.

Potsdamer Platz. Renzo Piano Building Workshop. 4 Oct. 2008

Richter, Jana (2010): The tourist city Berlin: tourism and architecture. Salenstein: Braun, pp.351

The BerlinStrategy (2016) Urban Development Concept Berlin 2030, Senate Department for Urban Development and the Environment

The Humboldt Forum, (2011.12) Hermann Parzinger,

The Wealth Report Global Cities Survey,

Till, Karen (2005): The New Berlin: memory, politics, place. Minneapolis: Univ. of Minnesota Press, p.279

Tölle, Alexander (2010): Urban identity policies in Berlin: From critical reconstruction to reconstructing the Wall. Cities, Volume 27, Issue 5, October 2010, pp.348~357

ULI. (201801.08), Germany's New Hot Spot: Berlin

University of Niš (2014.04). City profile: Berlin, Biljana Arandelovic, 1~26

Urban Development and Regeneration Projects in Berlin, May 2015

Webber, Andrew (2008): Berlin in the twentieth century. A cultural Topography.

http://www.stadtentwicklung.berlin.de/planen/stadtmodelle/en/tastmodell_ 2000.shtml

https://www.businesslocationcenter.de/en/welcome-to-berlin/living-in-berlin

http://www.stadtentwicklung.berlin.de/planen/planung/index_en.shtml

http://www.stadtentwicklung.berlin.de/

http://www.caimmo.com/en/portfolio/project/cube-berlin/

https://www.visitberlin.de/en/kulturbrauerei

http://theplaceberlin.com/thesmarts-2/

https://www.cs-mm.com/en/projects/zoom-hines-0

http://www.kunstcampus.de/en/Home/Projekt#film

http://www.caimmo.com/en/portfolio/project/cube-berlin/

http://www.humboldtforum.com/en

https://theculturetrip.com/europe/germany/articles/the-10-coolest-neighbour hoods-in-hamburg/

https://www.hamburg-travel.com/see-explore/sightseeing/

http://hamburgsmartcity.com/

https://www.hamburg-news.hamburg/en/

https://www.nytimes.com/interactive/2017/10/19/travel/what-to-do-36-hours-in-hamburg-germany.html

http://www.jenfelderau-info.de/

https://www.peterpane.de/restaurants/hamburg-turnhalle/

https://en.hamburg-invest.com/why-hamburg/

https://www.hamburg-travel.com/see-explore/sightseeing/blankenese/

http://www.globalpropertyguide.com/

https://www.ierek.com/events/urban-regeneration-sustainability-2#conferencetopics

https://www.nestpick.com/millennial-city-ranking-2018/

https://ubin.krihs.re.kr/ubin/index.php

http://www.skyscrapercenter.com/

https://graylinegroup.com/urbanization-catalyst-overview/

http://www.oecd.org/sdd/cities

http://www.stadtentwicklung.berlin.de/planen/planung/index_en.shtml berlin- welcomecard.de

www.knightfrankblo~ ~om/wealthreport/current-edition/brave-old-world/

www.digital-concert-hall.com

www.stadtentwicklung.berlin.de

www.berlin.de

potsdamerplatz.de

www.bikiniberlin.de

www.kulturforum-berlin.de
www.berliner-philharmoniker.de
europacity-berlin.de
www.museumsinsel-berlin.de
www.humboldtforum.org
www.kulturbrauerei.de
www.museumsportal-berlin.de
www.ampelmann.de
www.sammlung-boros.de
theplaceberlin.com
www.betahaus.com
www.visitberlin.de
www.sohohouseberlin.com
www.rummelsburger-ufer.de
boulezsaal.de
www.hausdeslehrers.de
www.visitberlin.de
www.bundestag.de
www.kempinski.com
www.berliner-mauer-gedenkstaette.de
www.jmberlin.de
www.museumsportal-berlin.de
www.topographie.de
tv-turm.de
www.mauerpark.info
www.siegessaeule.de
www.bundesregierung.de
www.bundespraesident.de
www.hkw.de
www.kadewe.de
www.leonardo-hotels.com
www.hu-berlin.de
www.staatsoper-berlin.de
www.spsg.de
www.bahnhof.de
www.messe-berlin.com
www.hafencity.com
www.elbphilharmonie.de
www.miniatur-wunderland.de

www.fischauktionshalle.com
plantenunblomen.hamburg.de
ottensenmachtplatz.de
www.chilehaus.de
smartdocklands.ie
www.stage-entertainment.de
www.st-michaelis.de
krameramtsstuben.de
www.peterpane.de
www.hamburger-kunsthalle.de
www.mkg-hamburg.de
www.kic-hh.de
www.eisarena-hamburg.de
www.block-braeu.de
www.groeninger-hamburg.de
www.oldcommercialroom.de
en.wikipedia.org
https://en.wikipedia.org/wiki/Tempelhofer_Feld
https://en.wikipedia.org/wiki/Berlin_Tempelhof_Airport
https://en.wikipedia.org/wiki/Axel_Springer_SE
https://milled.com/camper-pl/cafe-camaleon-opens-in-berlin-0pcCbQYwgwPo7BK1
https://www.kulturkaufhaus.de/de/kulturkaufhaus#ueber
https://en.wikipedia.org/wiki/Mall_of_Berlin
https://www.berlin.de/en/shopping/shopping-centres-department-stores/1917383-5123149-mall-of-berlin-at-leipziger-platz.en.html
https://milled.com/camper-pl/cafe-camaleon-opens-in-berlin-0pcCbQYwgwPo7BK1
https://en.wikipedia.org/wiki/Europa_Passage
https://reverb.hardrock.com/hamburg/
https://de.wikipedia.org/wiki/Komponistenquartier_Hamburg
https://www.komponistenquartier.de/de/ausstellungen/2024_Selle_Sonderausstellung.php
https://en.wikipedia.org/wiki/Brahms_Museum_(Hamburg)
https://brahms-hamburg.de/en/home-2/
https://www.hamburg.com/visitors/sights/places-of-worship/st-nikolai-18858
https://www.hamburg-travel.com/see-explore/historic-hamburg/mahnmal-st-nikolai/
https://en.wikipedia.org/wiki/St._Nicholas_Church,_Hamburg
https://www.hamburg.com/visitors/sights/memorials/wassertraeger-23578
https://www.hamburg.de/hummel-denkmal-314458
https://de.wikipedia.org/wiki/Hans_Hummel_(Stadtoriginal)
https://en.wikipedia.org/wiki/Gem%C3%A4ldegalerie,_Berlin

https://www.smb.museum/en/museums-institutions/gemaeldegalerie/about-us/profile/
https://europacity-berlin.de/en/article/a-model-of-diversity/
https://en.wikipedia.org/wiki/James_Simon_Gallery
https://www.archdaily.com/921320/david-chipperfields-new-museum-island-gallery-opens-in-berlin
https://www.smb.museum/en/museums-institutions/james-simon-galerie/about-us/profile/
https://de.wikipedia.org/wiki/Hamburger_Kunsthalle
https://www.hamburger-kunsthalle.de/ueber-die-kunsthalle